HTML und CSS für Kids

Thomas Kobert

HTML und CSS für Kids

1. Auflage

mitp

Bibliografische Information der Deutschen Nationalbibliothek
Die Deutsche Nationalbibliothek verzeichnet diese Publikation in der Deutschen Nationalbibliografie; detaillierte bibliografische Daten sind im Internet über <http://dnb.d-nb.de> abrufbar.

Bei der Herstellung des Werkes haben wir uns zukunftsbewusst für umweltverträgliche und wiederverwertbare Materialien entschieden.
Der Inhalt ist auf elementar chlorfreiem Papier gedruckt.

ISBN 978-3-95845-066-0
1. Auflage 2015

www.mitp.de
E-Mail: mitp-verlag@sigloch.de
Telefon: +49 7953 / 7189 - 079
Telefax: +49 7953 / 7189 - 082

Lektorat: Katja Völpel
Sprachkorrektorat: Petra Heubach-Erdmann
Covergestaltung: Christian Kalkert
Satz: III-Satz, Husby, www.drei-satz.de
Druck: Medienhaus Plump GmbH, Rheinbreitbach

Inhalt

Einleitung **9**

Vorwort 9

Was muss ich schon können? 9

Ein paar Hinweise 10

1

Die Vorbereitung **11**

Firefox installieren 12

Was ist der Editor? 15

Die Übungsdateien wiederfinden! 17

HTML-Grundlagen 18

CSS-Grundlagen 20

Zusammenfassung 23

Ein paar Fragen 23

2

Die erste Webseite **25**

Es geht los 25

Zeilenumbruch 30

Absätze 32

Linien 34

Überschriften 35

Kommentare 37

Zusammenfassung 38

Ein paar Fragen 39

... und eine kleine Aufgabe 39

3 Text für deine Seite 41
Formatierungen für deinen Text 41
Spezielle Textformate 46
Universelle Tags 48
Geht's auch mit Stil? 50
Zusammenfassung 59
Ein paar Fragen 59
... und ein paar Aufgaben 60

4 Bilder, Videos & Musik 61
Bilder für deine Seite 61
Wie wär's mit einem Video 69
Ein vielseitiges Tag: »iframe« 77
Und was ist mit Musik? 82
Zusammenfassung 85
Ein paar Fragen 85
... und ein paar Aufgaben 86

5 Cooler Look für deine Seite: CSS 87
Was ist CSS? 87
Wie CSS mit HTML zusammenkommt 89
Textformate mit CSS 94
Textdesign 102
Zusammenfassung 109
Ein paar Fragen 109
... und eine Aufgabe 110

6 Vernetz Dich – Hyperlinks 111
Die Autobahn zu anderen Seiten 111
Links optisch pimpen 122
Bilder als Links 125
Zusammenfassung 128
Ein paar Fragen 128
... und eine Aufgabe 128

7

Seitendesign mit CSS 129

Lorem Ipsum 129
Hintergrund 131
Rahmen 138
Abstände 144
Klassen bilden 151
Zusammenfassung 154
Ein paar Fragen 155
... und ein paar Aufgaben 155

8

Aufzählungen mit Listen 157

Aufzählungen erstellen 157
Glossar 167
... etwas mehr Stil bitte 168
Zusammenfassung 173
Ein paar Fragen 173
... und zwei Aufgaben 174

9

Tabellen 175

Tabellen-Grundlagen 175
Tabellenüberschriften 183
Zellen verbinden 186
Tabellenstruktur 189
Die Tabelle optisch pimpen 191
Zusammenfassung 196
Ein paar Fragen 196
... und ein paar Aufgaben 197

10

Dein eigenes Formular 199

Formulare 199
Vorbereitung auf den Skripteinsatz 217
Formulare stylen 219
Zusammenfassung 222
Ein paar Fragen 222
... und ein paar Aufgaben 223

11

Der Kopf des Ganzen 225
- Der Dokumentenkopf 225
- Zusammenfassung 241
- Ein paar Fragen 242
- ... aber keine Aufgaben 242

12

CSS-Profitipps 243
- Rahmen mit abgerundeten Ecken 243
- Schatten 246
- Mauszeiger ändern 252
- Den Quelltext vereinfachen 254
- Text positionieren 257
- Zusammenfassung 261
- Ein paar Fragen 261
- ... und ein paar Aufgaben 262

A

Referenzteil 263

B

Anhang 293

Stichwortverzeichnis 305

Einleitung

Vorwort

Hallo, es freut mich, dass du dich für HTML und CSS interessierst. Und ganz besonders freue ich mich darüber, dass du dazu mein Buch in die Hand nimmst.

Ich möchte mich kurz vorstellen, weil du jetzt eine ganze Zeit lang mit mir zusammen sein wirst. Irgendwie bin ich ja immer dabei, wenn du das Buch in die Hand nimmst.

Ich heiße Thomas und schreibe seit fast 20 Jahren Computerbücher. Viele davon für Einsteiger, ein paar für Profis und bei zwei Büchern für Kinder war ich Mit-Autor.

HTML und CSS sind spannend! Das wirst du auch feststellen. In so einem Buch kann man nicht jeden Befehl und jede Möglichkeit, die es gibt, erklären. Das wäre nicht nur viel zu viel, um es in ein Buch zu quetschen, vieles davon braucht man auch nur selten. Hier im Buch wirst du alle wichtigen Befehle der beiden Programmiersprachen kennenlernen.

Was muss ich schon können?

Über HTML und CSS musst du nichts wissen. Schritt für Schritt erfährst du alle wichtigen Grundlagen von beiden Programmiersprachen.

Aber du solltest schon etwas Erfahrung mit der Nutzung des Computers haben. Von Vorteil ist es auch, wenn du dich schon etwas im Internet auskennst und weißt, was ein Browser ist. Und wenn nicht, dann wirst du gleich sehen, dass das alles ganz einfach ist!

Ein paar Hinweise

Achtung

Wenn du dieses Ausrufezeichen an der Seite siehst, dann findest du dort eine wichtige Stelle. Das solltest du unbedingt beachten oder dir merken.

Infokasten

Der Hund, der manchmal an der Seite zu sehen ist, heißt Buffi. In den Infokästen finDdest du gemischte Informationen. Das kann Hintergrundwissen sein, Interessantes zum Thema oder auch ein paar Hinweise. Du solltest Buffi also unbedingt ein wenig Aufmerksamkeit schenken. Er freut sich darüber.

Fragen und Aufgaben

Das ist ja wie in der Schule! Nein, keine Angst. Am Ende eines jeden Kapitels findest du ein paar Fragen und oft auch noch ein bis vier Aufgaben. Du löst sie nur für dich. Und so kannst du sehen, ob du manchmal vielleicht doch noch mal etwas im Kapitel nachlesen musst. Die Antworten und Lösungen gibt es zum Download unter *www.mitp.de/066*.

Weitere Infos und Beispieldateien

Alle Beispiele aus dem Buch kannst du herunterladen. Du findest sie direkt unter der Adresse: *www.mitp.de/066*.

Schau doch auch mal auf meiner Homepage zum Buch vorbei, die Adresse lautet *4kids.kobert.de*. Dort kannst du die Dateien ebenfalls herunterladen und du findest dort auch weitere Informationen zu HTML und CSS. Zum Beispiel gibt es eine komplette Referenz von HTML 5, mit wirklich allen Befehlen, auch mit denen, die man nur sehr selten braucht.

Und jetzt wünsche ich dir ganz viel Spaß mit HTML & CSS!

1

Die Vorbereitung

Möchtest du schnell anfangen? Das verstehe ich, mir geht es genauso. Wenn ich mich für eine Sache interessiere, dann möchte ich immer ganz schnell anfangen. Ein paar Dinge müssen wir aber noch vorbereiten, bevor es losgehen kann.

Zuerst müssen wir uns überlegen, was du brauchst, wenn du deine erste Webseite erstellen möchtest. Keine Angst, es ist nicht viel und du hast auch schon alles auf deinem Computer!

- Du brauchst einen Texteditor.
- Du brauchst einen Webbrowser.

Wie? Das war's schon? Ja, genau, mehr brauchst du nicht.

Im Buch verwende ich Firefox, du kannst natürlich auch einen anderen Browser verwenden. Allerdings empfehle ich dir, Firefox zu benutzen, denn dann sieht es bei dir auf dem Bildschirm auch genauso aus wie auf den Abbildungen hier im Buch.

Als Texteditor verwende ich den Editor von Windows. Er kann alles, was du zum Erstellen von HTML-Dateien und auch von CSS-Dateien brauchst. Du kannst auch hier natürlich wieder jeden anderen Texteditor verwenden, wenn du es möchtest. Doch auch hier gilt wieder: Wenn du den Editor von Windows verwendest, sieht es auf deinem Bildschirm genauso aus wie im Buch.

Diese Programme brauchst du, um die Übungen im Buch selber zu machen:

- Mozilla-Firefox ab Version 38.x
- Windows Editor oder einen anderen Texteditor

Hast du Firefox schon auf deinem Computer installiert und kennst du den Windows Editor bereits, dann kannst du auch schon zum nächsten Kapitel springen.

Ansonsten erfährst du in diesem Kapitel, wie du Firefox herunterladen und installieren kannst und wie du Dateien mit dem Editor erstellst und richtig abspeicherst. Außerdem zeige ich dir, wie du die Beispiele dann so abspeichern kannst, damit du sie auch wiederfindest.

Firefox installieren

Vielleicht fragst du dich, warum wir Firefox und nicht den Internet Explorer verwenden. Nun, das ist ganz einfach. Zum einen verwenden sowieso viel mehr Leute Firefox als den Internet Explorer und außerdem ist er ein kleines bisschen besser. Wenn mit irgendwelchen HTML- oder CSS-Befehlen Probleme auftauchen, dann eher mit dem Internet Explorer als mit Firefox. Und manche von euch haben vielleicht gar keinen Windows-Computer, sondern einen Apple-Computer oder einen mit Linux. Für alle gibt es Firefox, der Internet Explorer läuft nur mit Windows.

Doch ich will hier keine Grundsatzdiskussion lostreten. Es gibt eine Reihe von Gründen, die für Firefox sprechen, und deshalb habe ich ihn für die Beispiele ausgewählt. Ich zum Beispiel verwende beide Browser nebeneinander, auch dafür gibt es Gründe. Denn wenn du Webseiten erstellst, musst du sie mit beiden Browsern ausprobieren. Schließlich soll die erstellte Webseite für alle Besucher genau so aussehen, wie du es dir vorgestellt hast.

Firefox herunterladen

Als Erstes musst du dir Firefox aus dem Internet herunterladen. Gehe dazu auf die Seite *https://www.mozilla.org/de/firefox/products/* und klicke dort auf den Button HERUNTERLADEN, um Firefox auf deinen Computer zu laden. Wenn das Programm fertig heruntergeladen ist, musst du es nur noch installieren. Aber keine Angst, das geht sehr schnell und ist auch ganz leicht.

Die Seite von Mozilla Firefox

Firefox installieren

Nachdem du dir die Installationsdatei von Firefox heruntergeladen hast, findest du diese in deinem Download-Ordner. Sie heißt `firefox_setup_39. x. x.exe` oder so ähnlich.

> Es ist gut möglich, dass bei dir zum Beispiel 39.1.02 als Versionsnummer von Firefox steht. Normalerweise beziffert die erste Zahl, hier also die 39, die Versionsnummer. Die zweite Zahl gibt an, wie oft diese Version bereits überarbeitet wurde, und die dritte Zahl zeigt dir, wie oft bereits Fehler in dieser Version behoben wurden. Daraus ersiehst du, dass für dich eigentlich nur die erste Zahl interessant ist. Bei Mozilla Firefox ist es jedoch so, dass die manchmal sprunghaft steigt. Das heißt, dass zum Beispiel zwischen Version 30 und 38 keine optischen Unterschiede zu sehen waren. Es macht also nichts, wenn die aktuelle Version bei dir eine höhere Zahl, zum Beispiel die 42, ist. Wichtig ist, dass du mit keiner älteren Version als der Version 38 arbeitest.

- Zur Installation doppelklickst du einfach auf die Installationsdatei.
- In den folgenden Fenstern klickst du auf WEITER.
- Du wirst danach gefragt, die Lizenzvereinbarung zu akzeptieren. Bestätige das einfach, indem du auf WEITER klickst.
- Dann musst du auch nur noch auf die Schaltfläche FERTIGSTELLEN klicken und schon ist Firefox installiert. Toll, wie einfach das ging.

Firefox starten

Nach der Installation findest du den Eintrag *Firefox* in deinem Startmenü. Wie bei allen Programmen brauchst du nur darauf zu klicken, um den Firefox zu starten.

Probiere das am besten gleich einmal aus, du wirst feststellen, dass es keiner großen Umgewöhnung bedarf, wenn du vorher mit einem anderen Webbrowser gearbeitet hast.

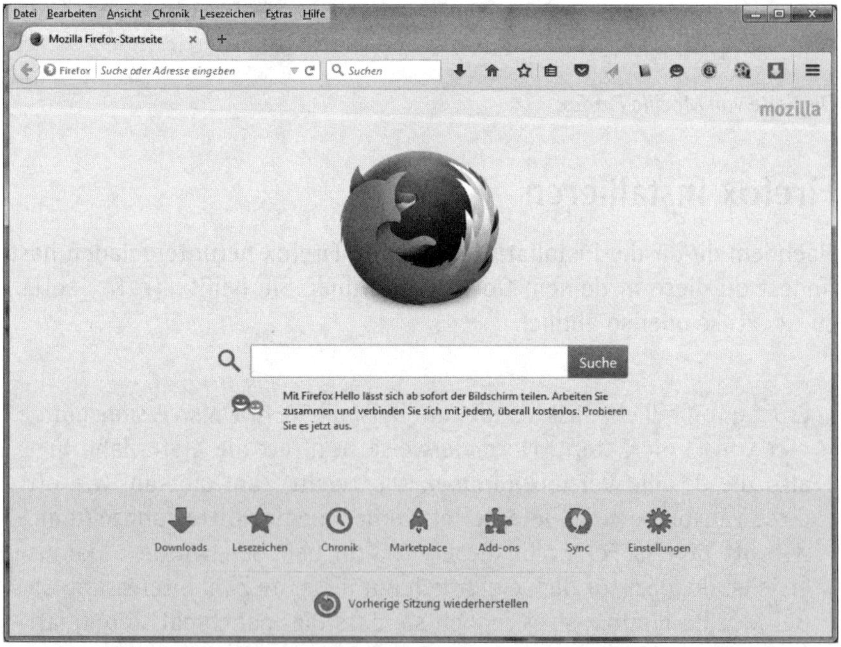

Die Oberfläche von Firefox nach der Installation

Wenn du bisher noch nie mit Firefox gearbeitet hast, zeige ich dir noch, wo du HTML-Dateien im Browser laden kannst. Denn das wirst du im ganzen Buch machen: den Browser öffnen und dir deine Beispiele dort ansehen.

Du öffnest das Menü *Datei*, indem du in der Menüleiste auf DATEI klickst und dann auf DATEI ÖFFNEN. Jetzt öffnet sich ein Dateiauswahlfenster, in dem du die gewünschte Datei laden kannst.

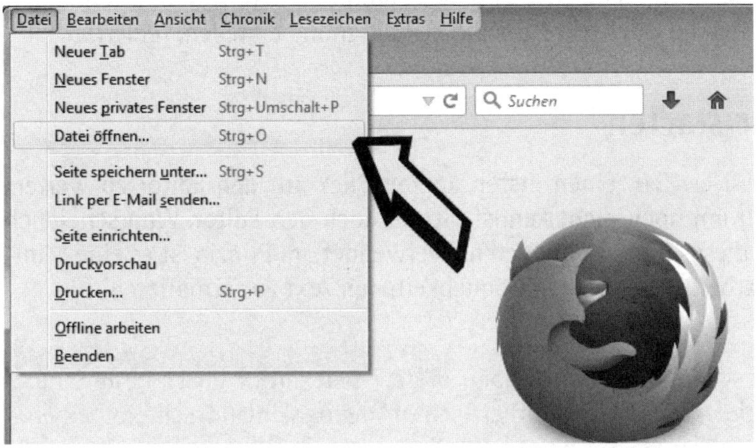

Das Menü zum Laden der Beispiele

Was ist der Editor?

Der Editor ist ein Programm, mit dem du Text in verschiedenen Formaten abspeichern kannst. Das Besondere am Editor ist, dass er reinen ASCII-Text abspeichert. Das ist ein Format, in dem Quelltexte von Programmiersprachen geschrieben werden. Es gibt keine Formatierungen und du kannst beim Abspeichern deinem Text beliebige Endungen geben. Das ist besonders in unserem Fall wichtig.

Im Zusammenhang mit HTML und CSS gibt es auch sogenannte WYSIWYG-Editoren. In denen gibst du nicht den Quelltext ein, sondern ganz ähnlich wie bei einem Desktop-Publishing-Programm kannst du da die HTML-Dokumente grafisch entwerfen. Hast du deine Seite dann so erstellt, wandelt der WYSIWYG-Editor alles in ein HTML-Dokument um.

Vielleicht interessiert es dich, was *WYSIWYG* bedeutet. Es ist mal wieder eine Abkürzung für ein paar englische Wörter: *What You See Is What You Get*, also auf Deutsch: Was du siehst, ist das, was du bekommst.

WYSIWYG-Editoren sind oft kommerzielle Programme, die für Profis gemacht sind, und kosten dementsprechend meist viel Geld. Wir können diese Programme beim Durcharbeiten des Buches nicht gebrauchen, denn schließlich lernst du dabei kein HTML oder CSS.

Aber selbst, wenn du später mit solch einem Programm arbeitest, kann es nützlich sein, wenn du HTML und CSS programmieren kannst, denn nicht immer sind die Quelltexte, die diese Programme erstellen, fehlerfrei.

Editor starten

Jetzt wird es Zeit, einen ersten kurzen Blick auf den Editor zu werfen, wenn du ihn noch nicht kennst. Starte doch den Editor. Wahrscheinlich hast du dieses Programm noch nie verwendet, im Prinzip ist es eine Mini-Textverarbeitung ohne die Möglichkeit, den Text zu formatieren.

Seit es Computer gibt, haben diese einen Editor im Lieferumfang. Benötigt wird der eigentlich selten, denn niemand schreibt einen Brief mit einem Editor. Sobald du jedoch programmierst, kannst du das nicht mit einer Textverarbeitung machen, denn du brauchst einen sogenannten reinen ASCII-Text. Der Editor von Windows liefert dir genau eine solche Datei. Die Endungen kannst du selber festlegen, standardmäßig heißen die Dateien `*.txt`, du kannst aber auch `*.html` oder `*.css` daraus machen. Doch dazu komme ich später.

Du findest den Windows-Editor in deinem STARTMENÜ im Ordner ZUBEHÖR. Klickt dort einfach auf den Eintrag EDITOR und das Programm startet.

Den Editor von Windows starten

Du siehst ein leeres Fenster und kannst direkt dort hineinschreiben. Die Möglichkeit zum Speichern findest du dann im Menü DATEI unter dem Menüpunkt SPEICHERN UNTER. Doch hierzu später mehr, wenn du den Editor das erste Mal einsetzt.

So, nun bist du gut gerüstet, um zu starten, vorher brauchst du nur noch einen Ordner, in dem du die Beispiele abspeichern kannst.

Die Übungsdateien wiederfinden!

Wenn du deine Übungen machst, musst du sie auch wiederfinden und deshalb legen wir einen Ordner für diese Dateien an. Wir nennen ihn *HTML-Ordner*. Es macht gar nichts, wenn du nicht weißt, wie das geht, denn wir machen es einfach zusammen.

Wie das genau funktioniert, hängt natürlich von deinem verwendeten Betriebssystem ab, aber ich zeige es dir jetzt hier beispielhaft mit Windows 7, da dies derzeit immer noch das am meisten verwendete Betriebssystem ist.

Den Ordner erstellen

- Klicke irgendwo auf dem Desktop mit der rechten Maustaste. Dann erscheint ein Menü.

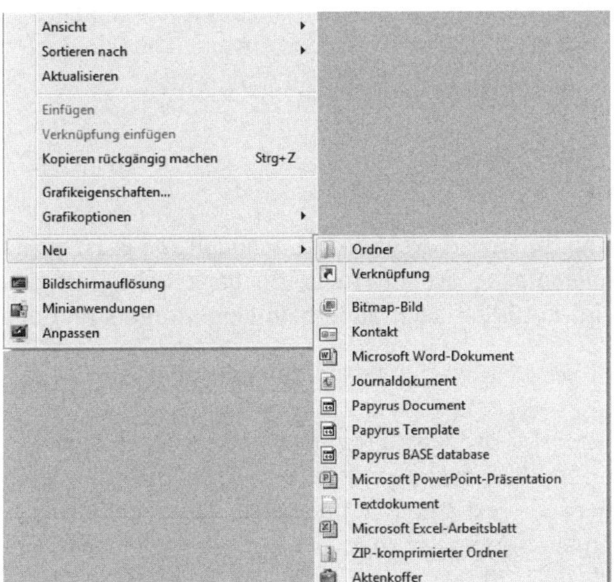

Das Menü zum Erstellen eines neuen Ordners

- In diesem Menü klickst du auf den Punkt NEU und dann auf ORDNER. Das Menü schließt sich automatisch und auf deinem Desktop ist der neue Ordner zu sehen.
- Der Ordner heißt *Neuer Ordner*. Du solltest ihn also umbenennen, sonst hast du irgendwann ganz viele Ordner auf dem Desktop, die alle *Neuer Ordner* heißen. Das wäre ganz schön verwirrend. Klicke einfach auf den Namen des Ordners, damit dieser blau hinterlegt wird. Nun überschreibst du mit deiner Tastatur den Ordnernamen. Gibt also *HTML-Ordner* ein.

> Natürlich kannst du den Ordner mit der Maus an jede beliebige Stelle des Desktops ziehen. Ziehe ihn dazu einfach mit gedrückter Maustaste dorthin, wo er sein soll. Dann lässt du die Maustaste los und schon hat der Ordner den Platz, den er haben soll.

HTML-Grundlagen

Die Programmiersprache, in der Webseiten erstellt werden, heißt HTML. Das weißt du bestimmt schon, sonst hättest du dir dieses Buch nicht gekauft. Die aktuelle Version von HTML ist HTML 5.

> HTML 5 unterscheidet sich in vielen Punkten von früheren HTML-Versionen. Jetzt geht es bei HTML nicht mehr um das Aussehen einer Webseite, sondern nur um die Struktur. Für das Aussehen ist CSS notwendig. Mehr zu CSS erfährst du im nächsten Abschnitt.

Was ist HTML?

HTML ist die Abkürzung für H*yper*T*ext* M*arkup* L*anguage* und es ist sozusagen die Programmiersprache des Internets. So ganz richtig ist das nicht, denn HTML wird natürlich auch außerhalb des Internets und des WWW eingesetzt.

> Genaugenommen ist HTML gar keine Programmiersprache. Es ist eine sogenannte *Auszeichnungssprache*. Auszeichnungssprachen ermöglichen es, festzulegen, wie Text aussieht. Und genau das macht HTML, wenn es inzwischen auch viel mehr kann.

Der Text, aus dem ein HTML-Dokument besteht, nennt man *Quelltext*. Manche Leute sagen auch *Listing* dazu.

Der Quelltext besteht aus sogenanntem ASCII-Text. Das heißt, er enthält keinerlei Formatierungen, wie du sie zum Beispiel aus deiner Textverarbeitung kennst. Es ist also reiner Text. Da Textverarbeitungen auch immer Formatierungen in den Text bringen, kannst du zum Erstellen von HTML-Quelltexten keine Textverarbeitung verwenden. Dies ist auch der Grund, weshalb wir hier im Buch den Editor verwenden.

Inzwischen wird mithilfe von HTML aber nicht nur Text formatiert, sondern es können auch Bilder, Videos und sogar Audiodateien in Webseiten eingefügt werden.

Tatsächlich wird HTML nicht nur für Webseiten verwendet, sondern es gibt noch eine Reihe anderer Einsatzzwecke. Es geht hier zwar meistens um Webseiten, der technische Begriff dafür ist aber *HTML-Dokument*. Er umfasst nicht nur Webseiten, sondern alles, was mit HTML gemacht wird.

Webseite, *Homepage*, *HTML-Dokument*, *HTML-Seite* oder einfach nur *Seite*. Das alles sind Ausdrücke für genau das Gleiche. Doch Homepage kann z.B. mehr bedeuten. Es kann eine einzelne Seite sein oder eine *Website*. Und was ist eine Website? Das sind alle Seiten, die zusammengehören. Also z.B. alle Seiten, die zu *www.kobert.de* gehören. Die genaue Bedeutung ergibt sich meist aus dem Zusammenhang.

Tatsache ist aber, dass HTML erst das Internet, so wie wir es heute kennen, ermöglicht hat und am Anfang auch für das Internet entwickelt wurde. Ich erinnere mich noch ganz gut, es war Anfang der 1990-er Jahre, als ich mich das erste Mal mit der Erstellung von Webseiten mit HTML beschäftigt habe.

Wenn du heute eine der Seiten von damals sehen würdest, würdest du wahrscheinlich die Hände über dem Kopf zusammenschlagen, da war nicht viel bunt, Bilder gab es kaum und Videos überhaupt nicht.

Doch aus dem HTML von damals ist inzwischen eine extrem leistungsfähige Programmiersprache geworden, die das heutige Internet ermöglicht. Das Ganze fing mit HTML 2.0 an, das war die erste offizielle HTML-Version.

Vorher verwendete jeder Browser sozusagen sein eigenes HTML, die Befehle waren zwar ähnlich, aber nicht gleich. Das war 1995. Nur zwei Jahre später gab es dann schon HTML 3.2, das viel mehr konnte als die

Vorgängerversionen. Bald darauf folgte dann schon die Version 4, die mit einer kleinen Bearbeitung bis vor Kurzem 15 Jahre unverändert gültig war. All das, was du die letzten Jahre im Internet gesehen hast, konnte schon mit HTML 4.01 erstellt werden.

Die aktuelle Version, HTML 5, gibt es offiziell erst seit November 2014. Acht Jahre vorher, im Jahr 2006 wurde es bereits angekündigt und war halboffiziell auch schon verbreitet. So gab es die letzten Jahre quasi zwei Versionen, die Version 4.01 und die noch nicht offizielle Version 5.

Die meisten Browser beherrschten aber schon die Funktionen von HTML 5 und da HTML abwärtskompatibel ist, ist es kein Problem, wenn eine Webseite noch mit HTML 4 erstellt wird.

Etwas über Browser

Der Browser ist das Programm, mit dem du im Internet die Seiten anschaust. Genau genommen ist er ein Programm, das HTML-Dokumente anzeigt.

Es gibt eine ganze Menge verschiedener Browser, wobei nur drei wirklich weit verbreitet sind. Dies sind Mozilla Firefox und der Microsoft Internet Explorer und speziell auf dem Apple-Computer Safari. Doch das war nicht immer so, um das Jahr 2000 herum gab es ein Programm, das Netscape Navigator hieß und das der unangefochtene Marktführer im Bereich der Internetbrowser war.

Doch irgendwann wurde es nicht mehr weiterentwickelt und der Internet Explorer von Microsoft wurde der verbreitete Browser. Aus dem Netscape Navigator entwickelte sich dann ein neues Projekt, aus dem dann der Firefox entstand.

Heute verwenden die meisten Leute Firefox als Browser, gefolgt vom Internet Explorer. Es gibt jedoch noch eine ganze Menge anderer Browser, besonders auch für ältere Computer, die nicht so leistungsfähig sind. Auf einem solchen Computer wäre Firefox viel zu langsam.

CSS-Grundlagen

CSS ist die Abkürzung für Cascading Stylesheets. Die erste Version von CSS gibt es schon seit 1994, also ganz schön lange. Doch CSS wurde damals kaum bei Webseiten eingesetzt. Es dauerte fast zehn Jahre, in denen HTML immer mehr Funktionen bekam, bis sich CSS bei Webseiten richtig durchsetzte.

Inzwischen ist CSS 3 die aktuelle Version und der Leistungsumfang und die Möglichkeiten sind enorm. Das vollständige Design einer Webseite lässt sich über CSS realisieren.

Bevor du tief in HTML und CSS einsteigst, empfehle ich dir, mal die Seite *http://www.csszengarden.com* anzuschauen. Dort kannst du sehen, wie sich eine Webseite optisch völlig verändern kann, wenn nur das dazugehörige CSS verändert wird.

Eine Webseite, deren Design mit CSS festgelegt wurde

Schau dir mal die beiden Abbildungen an. Beide Webseiten haben exakt den gleichen Quelltext, also auch den gleichen Inhalt und sie sehen doch so völlig unterschiedlich aus.

Das liegt daran, dass bei beiden das Design komplett mit CSS umgesetzt wurde. Du ahnst bestimmt schon, welche Möglichkeiten das eröffnet: Wenn dir einmal in Zukunft deine Webseite nicht mehr gefällt, dann brauchst du sie nicht ganz neu zu schreiben, sondern du änderst einfach den CSS-Teil daran.

Und das ist dann eine einzige Datei, an der du etwas ändern musst, und nicht alle Seiten deiner Homepage.

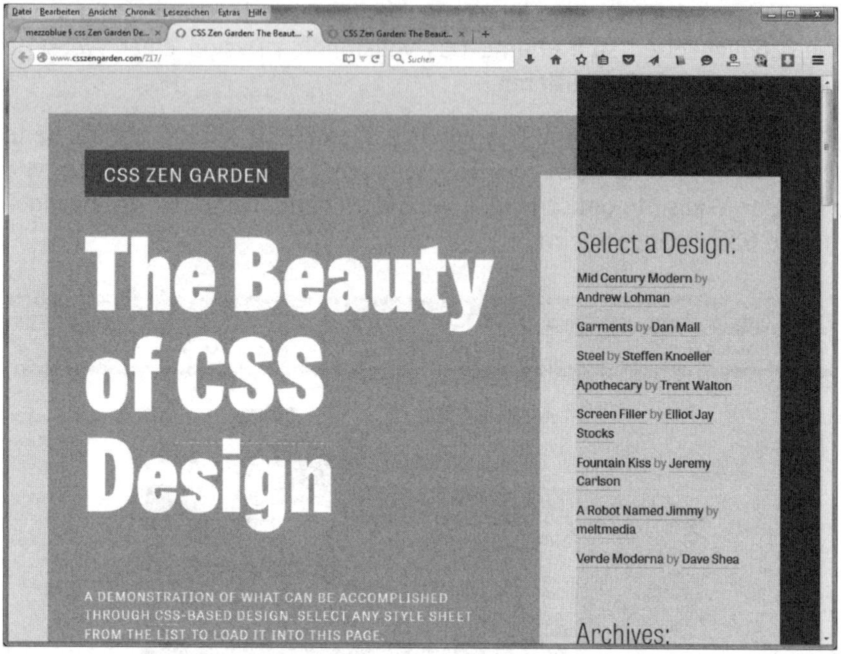

Die gleiche Webseite mit einer anderen CSS-Datei

Ich gebe es zu, wenn du das Buch hier durchgearbeitet hast, dann wirst du nicht aus dem Stegreif heraus das CSS für solche Seiten komplett erstellen können. Aber du hast alle Grundlagen dafür erworben! Doch die Webseiten, die du dann mit HTML und CSS erstellen kannst, sind auch ganz schön beeindruckend.

Meine Empfehlung ist: Schau dir jetzt die Möglichkeiten von CSS bei *csszengarden.com* an, die Quelltexte dort aber erst, wenn du mit dem Buch fertig bist!

Auf *csszengarden.com* ist auch der HTML-Quelltext, der verwendet wurde, herunterladbar, genauso wie die verschiedenen CSS-Quelltexte. Wenn du sie dir anschaust, wirst du sie verstehen und daraus weiter lernen können.

CSS in ein paar Worten

Aber was genau ist CSS denn nun? CSS sind *Stilvorlagen*, bei einer Textverarbeitung würdest du *Formatvorlagen* sagen. Mit CSS erstellst du eine *Designvorlage*, die du auf beliebig vielen Seiten deiner Homepage anwenden kannst. Du erstellst also einmal ein Design und kannst es immer wieder verwenden.

Zusammenfassung

Schau, das erste Kapitel hast du nun schon durch. Du hast genug Hintergrundwissen, um jetzt mit der Programmierung von HTML zu starten. Das weißt du nun schon alles:

- Du hast Firefox installiert und gestartet.
- Du weißt, warum du den Editor verwenden solltest.
- Du hast einen speziellen Ordner für die Übungsdateien angelegt.
- Du weißt jetzt, wie HTML entstanden ist und wozu es zu gebrauchen ist.
- Du hast einen kurzen Einblick in die fantastischen Möglichkeiten von CSS bekommen.

Ein paar Fragen ...

1. Was ist der am meisten genutzte Browser?
2. Welche Endung hat eine HTML-Datei? Und welche eine CSS-Datei?
3. Was ist die aktuelle Version von HTML?
4. Seit wann gibt es CSS?
5. Wozu braucht man CSS bei einer Webseite?

2

Die erste Webseite

In diesem Kapitel wirst du gleich deine erste Webseite erstellen und direkt danach das Ergebnis im Browser ansehen. Du wirst die Grundstruktur einer Webseite verstehen lernen und feststellen, dass das Ganze viel einfacher ist, als du gedacht hast. Wenn du umblätterst, kannst du gleich anfangen.

- Es geht los mit HTML
- Zeilenumbrüche
- Absätze
- Überschriften
- Linien

Es geht los

Starte als Erstes den Editor, wie du es im letzten Kapitel gesehen hast. Erinnerst du dich? START|ALLE PROGRAMME|ZUBEHÖR und dann auf EDITOR klicken. Das Editorfenster öffnet sich und zeigt sein leeres Fenster, in das du direkt reinschreiben kannst.

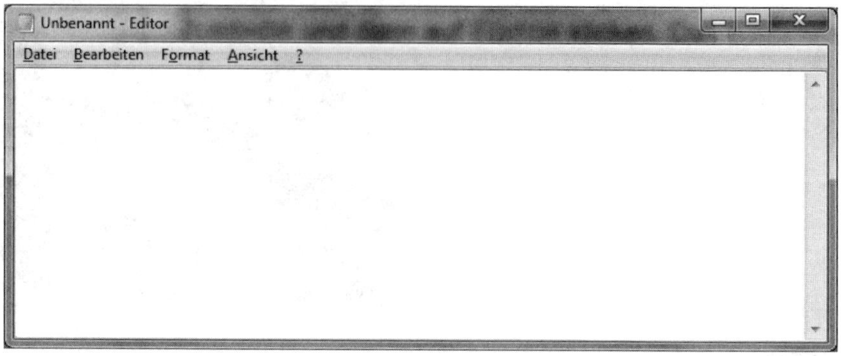

Der Editor

Schreibe nun den folgenden Text dort, wo der Cursor blinkt, in das Editorfenster.

```
<!DOCTYPE html>
<html>
<head>
<title>Mein Beispiel</title>
</head>
<body>
Die erste HTML-Seite.
Das ist doch ganz einfach.
</body>
</html>
```

In HTML werden alle Befehle kleingeschrieben. Achte darauf, dass du alles genau so abtippst, wie es hier im Buch steht.

Vielleicht weißt du nicht, wo du die Tasten [<] und [>] auf der Tastatur findest. Links unten auf der Tastatur findest du sie. Um das Zeichen < zu erhalten, drückst du einfach die Taste. Benötigst du das Zeichen >, dann drückst du [⇧] und die Taste.

Hier findest du die Taste [<>].

Den Schrägstrich erhältst du, wenn du die Taste [7] bei gedrückter [⇧]-Taste drückst.

- Hast du alles abgetippt? Dann hast du alles richtig gemacht und es ist Zeit, das Ergebnis jetzt mal abzuspeichern. Dazu gehst du auf DATEI|SPEICHERN UNTER und dann kannst du einen Namen für diese Datei vorgeben. Wir verwenden hier den Namen *webseite1.html.*
- Erinnerst du dich? Der Editor erstellt Textdateien und deshalb ist es ganz wichtig, dass du die Datei auch mit der passenden Endung abspeicherst. Unter dem Feld für den Dateinamen kannst du den Dateityp auswählen. Dort wählst du ALLE DATEIEN (*.*) aus.
- Jetzt gibst du den Dateinamen *webseite1.html* ein. Dadurch weiß ein Browser später, dass es sich um eine HTML-Datei handelt. Klicke jetzt nur noch auf SPEICHERN, um deine Datei zu sichern.

Das folgende Bild zeigt dir nochmal die einzelnen Schritte beim Abspeichern:

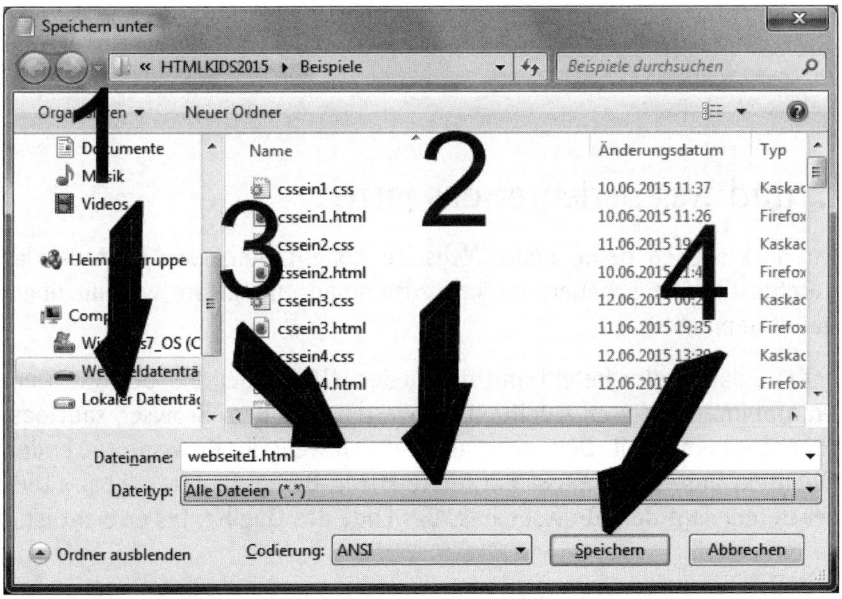

Alle Schritte zum Speichern

1. Dort wählst du den Ordner aus, in dem abgespeichert wird. Im letzten Kapitel haben wir ja schon einen speziellen Ordner dafür erstellt und am besten verwendest du ihn auch.
2. Hier wählst du den Dateityp aus, also ALLE DATEIEN.
3. Gib hier den Namen der Datei ein, also *webseite1.html.*
4. Jetzt klickst du auf SPEICHERN, um die Datei abzuspeichern.

Wenn du anschließend den Ordner öffnest, dann solltest du die Datei dort sehen. Wenn du dir die Datei im Browser ansehen willst, dann brauchst du nur auf die Datei doppelzuklicken und schon öffnet sich der Browser und zeigt das Ergebnis deiner Arbeit an.

Deine erste Webseite!

... und was bedeutet das jetzt?

Du hast soeben deine erste Webseite erstellt. Aber wie hast du das geschafft? Jetzt schauen wir uns zusammen einmal an, was du überhaupt gemacht hast.

<html>, das ist der Befehl, mit dem jeder HTML-Quelltext beginnt. Dem Programm, das diesen Quelltext auswertet, also dem Browser, sagt das: Hier fängt ein HTML-Dokument an. Dadurch weiß der Browser, wie er den Quelltext auswerten muss. Der letzte HTML-Befehl lautet: </html>. Dieser Befehl sagt dem Browser, dass das Ende des Quelltextes erreicht ist.

Merke dir also: Jeder HTML-Quelltext beginnt mit <html> und endet mit </html>.

Die meisten HTML-Befehle bestehen aus zwei Befehlen, einmal der Befehl und dann der Befehl mit einem Schrägstrich davor. Also zum Beispiel: <html> und </html>. Man sagt dazu: Der Befehl wird geöffnet und geschlossen.

HTML-Befehle werden auch *Tags* genannt. Und da immer zwei Tags zusammengehören, spricht man auch von *Elementen*. Das Element `html` besteht also aus den Tags `<html>` und `</html>`. Dabei ist das Tag ohne Schrägstrich das öffnende Tag und das mit dem Schrägstrich das schließende Tag.

Nach `<html>` folgt das Tag `<head>`, das den sogenannten *Dokumentenkopf* öffnet. Es gibt ein paar Befehle, die im Dokumentenkopf angegeben werden müssen. Doch die brauchst du erst viel später, wenn du schon ganz viel mit HTML machen kannst.

Eine Ausnahme gibt es, den Titel der Seite. Du siehst ihn im Quelltext schon stehen:

```
<title>Mein Beispiel</title>
```

Der Seitentitel muss nach den HTML-Regeln immer angegeben werden. Du schreibst den gewünschten Text einfach zwischen `<title>` und `</title>`. Der Seitentitel wird übrigens ganz oben im Browser angezeigt. Wo genau, hängt von deinem Browser ab.

Wenn du das Tag `title` nicht angibst, wird die Seite trotzdem völlig korrekt angezeigt. Nur der Titel im Reiter des Browsers ist leer.

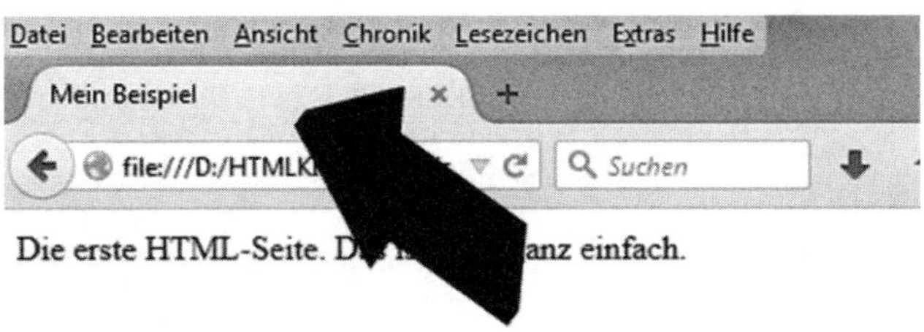

Der Seitentitel im Browser (Mozilla Firefox)

Als Nächstes folgt das Tag `</head>` und das war auch schon die Definition des Dokumentenkopfes.

Weiter hinten im Buch erfährst du noch eine ganze Menge über die Möglichkeiten im Dokumentenkopf.

Das Tag, <body>, öffnet jetzt den Teil deines Quelltextes, in dem der Inhalt der Seite angegeben wird. Den Teil nennt man *Dokumentenkörper.*

Auf dieser ersten Seite, die du erstellt hast, steht innerhalb des Dokumentenkörpers nur etwas Text. In den folgenden Kapiteln füllt sich das dann mit Überschriften, Absätzen, Bildern usw.

Der Seiteninhalt wird im Quelltext immer zwischen den Tags <body> und </body> angegeben.

Nach dem Text werden noch die Tags body und html durch </body> und </html> geschlossen. Das war im Prinzip auch schon alles. Es ist doch gar nicht so schwer!

Moment, sagst du jetzt vielleicht, hat der Thomas nicht etwas vergessen? Da steht doch noch was, ganz oben im Quelltext:

```
<!DOCTYPE html>
```

Du hast recht. Was es damit auf sich hat, erfährst du auch erst am Ende des Buches. Bei HTML 5 sieht das immer so aus. Merke dir erst mal einfach: Jeder HTML-Quelltext fängt so an!

Zeilenumbruch

Manchmal ist es sinnvoll, einen Zeilenumbruch einzufügen. Erinnerst du dich noch an das letzte Beispiel? Im Quelltext stand:

```
Die erste HTML-Seite.
Das ist doch ganz einfach.
```

Als du das dann im Browser angesehen hast, sah das aber anders aus. Ist es dir aufgefallen? Im Browser stand alles in einer Zeile:

```
Die erste HTML-Seite. Das ist doch ganz einfach.
```

Das liegt daran, dass dem Browser egal ist, wie der Quelltext aussieht. Zeilenumbrüche interessieren ihn nicht. Nur mit Leerzeichen musst du vorsichtig sein!

Du glaubst das nicht? Dann gib mal den folgenden Quelltext ein:

```
<!DOCTYPE html> <html> <head> <title>Mein Beispiel</title> </head>
<body>Die erste HTML-Seite. Das ist doch ganz einfach.</body> </html>
```

Was meinst du, was du siehst? Genau, du siehst das Gleiche wie im letzten Beispiel! Die Schreibweise, die ich verwende, dient nur der Übersichtlichkeit.

Doch zurück zum Zeilenumbruch:

Wenn du im Quelltext einen Zeilenumbruch machst, dann ignoriert der Browser das. Genau deshalb gibt es ein Tag, mit dem du den Zeilenumbruch machen kannst.

Das Tag <br> setzt einen Zeilenumbruch. Setze es einfach an die Stelle, an der du den Zeilenumbruch haben möchtest.

> Das Tag <br> steht alleine, es gibt also kein Tag </br>! Dieses Tag ist eine der wenigen Ausnahmen. Elemente, die kein schließendes Tag haben, nennt man *leere Elemente*.

Was hältst du davon, das gleich mal auszuprobieren? Hier ist der Quelltext:

```
<!DOCTYPE html>
<html>
<head>
<title>Mein Beispiel</title>
</head>
<body>
Die erste HTML-Seite.
<br>
Das ist doch ganz einfach.
</body>
</html>
```

- Gib den Quelltext in den Editor ein.
- Speichere ihn unter dem Namen *website2.html* ab.
- Öffne die gespeicherte Datei im Webbrowser.

Wenn du nun alles richtig gemacht hast, dann steht der Text jetzt nicht mehr in einer Zeile, sondern jeder Satz in einer eigenen Zeile, wie in der Abbildung zu sehen.

Deine Seite mit einem Zeilenumbruch

Absätze

Lange Texte unterteilt man oft in Absätze. Auf den ersten Blick sieht das zwar so aus, als wenn du einen Zeilenumbruch veranlasst hättest, doch es ist nicht ganz das Gleiche.

Wenn du deine Texte auf der Webseite mit Absätzen strukturierst, dann ist der Quelltext übersichtlicher. Besonders bei langen Quelltexten wirst du das merken.

Wenn du den Befehl p verwendest, dann markierst du damit einen Absatz. Der ganze Absatz wird dabei zwischen die Tags <p> und </p> geschrieben. In unserem nächsten Beispiel kannst du das gleich ausprobieren.

```
<!DOCTYPE html>
<html>
<head>
<title>Mein Beispiel</title>
</head>
<body>
```

```
<p> Die erste HTML-Seite. </p>
<p> Das ist doch ganz einfach. </p>

</body>
</html>
```

Was jetzt kommt, kennst du schon: Abspeichern und zwar unter dem Namen *website3.html* und dann im Browser anzeigen lassen.

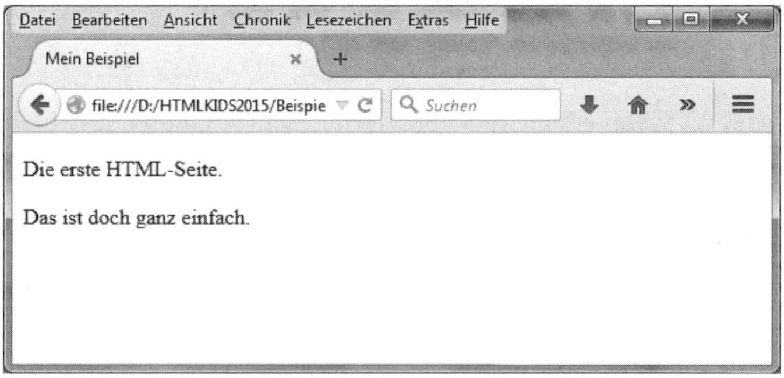

Deine Webseite mit Absätzen

Das Ergebnis sieht fast genauso aus wie im letzten Beispiel. Wenn du genau hinsiehst, wirst du aber bemerken, dass der Abstand zwischen den beiden Textzeilen etwas größer ist.

Wenn dir das nicht gefällt, kannst du auch mal den folgenden Quelltext ausprobieren. Wenn du nicht willst, brauchst du das jetzt auch nicht abzutippen, das Ergebnis kennst du schon.

```
<!DOCTYPE html>
<html>
<head>
<title>Mein Beispiel</title>
</head>
<body>

<p> Die erste HTML-Seite.
<br>
Das ist doch ganz einfach. </p>

</body>
</html>
```

Wenn du dir diesen HTML-Quelltext nach dem Abspeichern im Browser betrachtest, sieht es wieder so aus, wie es nur mit dem Zeilenumbruch aussah.

Der Text steht jetzt in einem Absatz und der Text wird durch den Zeilenumbruch getrennt.

> Ein Absatz mit dem Element p macht einen doppelten Zeilenumbruch.

Linien

Bestimmt hast du schon Linien auf Webseiten gesehen. Einmal quer über die Seite geht die horizontale Linie. Manchmal sieht das einfach nur gut aus und manchmal wird die Linie dazu eingesetzt, den Text übersichtlicher zu machen.

Für diese Linien gibt es das Element <hr> und die Abkürzung leitet sich von dem englischen Begriff *horizontal rule*, also *horizontale Linie*, ab.

Das Beispiel setzt in deiner Seite eine horizontale Linie.

```
<!DOCTYPE html>
<html>
<head>
<title>Mein Beispiel</title>
</head>
<body>
<p> Die erste HTML-Seite. </p>
<p> Das ist doch ganz einfach. </p>

<hr>
Oberhalb dieses Textes ist eine horizontale Linie.

</body>
</html>
```

> Das Tag <hr> hat seit HTML 5 eine neue Bedeutung. Bis HTML 5 war das tatsächlich einfach eine Linie. Doch jetzt bedeutet es das *Ende eines thematischen Absatzes.* Klingt kompliziert? Macht nichts, es wird auch weiterhin eine horizontale Linie angezeigt, weil das die Browserhersteller nicht interessierte.

So, wenn du den Quelltext nun unter dem Namen *webseite4.html* abspeicherst und dir das Ergebnis im Webbrowser ansiehst, dann sollte es genauso aussehen wie in der Abbildung.

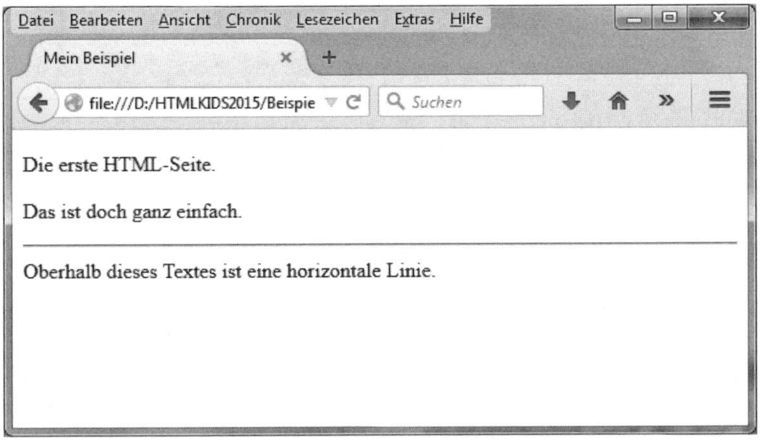

Die Linie, die du eingefügt hast

Überschriften

Überschriften lockern den Text auf und machen ihn übersichtlicher. So kann ein Besucher deiner Webseite sofort sehen, welcher Teil deiner Seite für ihn interessant ist. Besonders lange Texte sollten mit Überschriften unterteilt werden.

HTML kennt sechs Überschriftebenen. Man sagt auch, es gibt eine Hierarchie von sechs Überschriften. Die Ebene 1 ist die Überschrift mit der größten Schrift und die Ebene 6 die mit der kleinsten.

Jede Überschriftebene hat einen eigenen Befehl, der für die Ebene 1 heißt h1 und besteht aus den Tags <h1> und </h1>. Die Tags für die sechs Überschriftebenen lauten:

- Überschriftebene 1: <h1> und </h1>
- Überschriftebene 2: <h2> und </h2>
- Überschriftebene 3: <h3> und </h3>
- Überschriftebene 4: <h4> und </h4>
- Überschriftebene 5: <h5> und </h5>
- Überschriftebene 6: <h6> und </h6>

Wie bei den meisten Tags, die Text formatieren, wird der Text für die Überschrift einfach zwischen das öffnende und das schließende Tag geschrieben.

```
<!DOCTYPE html>
<html>
<head>
<title>Die sechs Ebenen</title>
</head>
<body>

<h1> Ebene 1 </h1>
<h2> Ebene 2 </h2>
<h3> Ebene 3 </h3>
<h4> Ebene 4 </h4>
<h5> Ebene 5 </h5>
<h6> Ebene 6 </h6>

</body>
</html>
```

- Tippe den Quelltext in das Fenster des Editors.
- Speichere ihn unter dem Namen *website5.html.*
- Sieh dir die gespeicherte Datei im Webbrowser an.

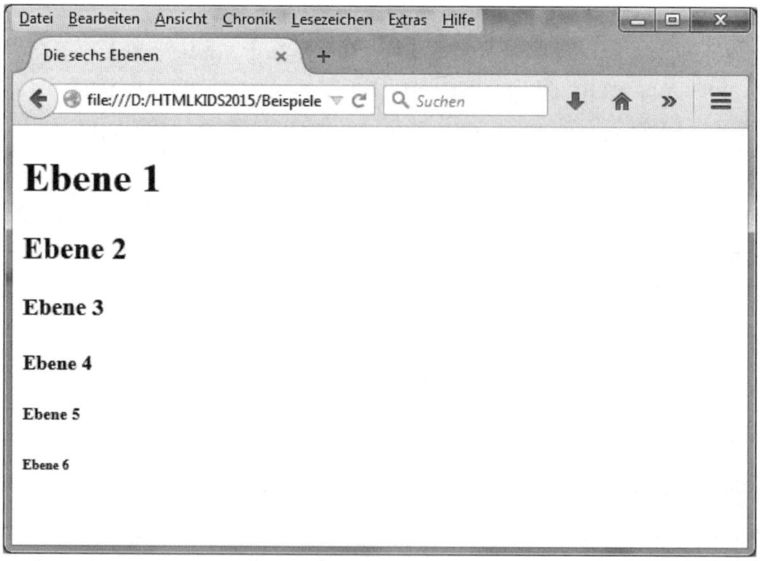

Die sechs Überschriftebenen im Browser

Bestimmt hast du bemerkt, dass die Überschriften alle schön untereinander stehen. Und das, obwohl du keinen Zeilenumbruch angegeben hast.

Wenn du die Tags für Überschriften benutzt, dann wird automatisch am Ende der Überschrift ein Zeilenumbruch eingefügt.

Kommentare

Du kannst in deinen Quelltext auch Kommentare einfügen. Das kannst du bei fast allen Programmiersprachen machen, denn Kommentare erleichtern eine spätere Änderung an einem Quelltext enorm.

Du wirst dich bestimmt fragen, ob das wirklich nötig ist, doch es gibt HTML-Quelltexte, die, wenn du sie ausdrucken würdest, einige DIN-A4-Seiten füllen würden. Und wenn du dann vielleicht zwei oder drei Jahre später etwas daran ändern möchtest, musst du erst wieder den ganzen Text lesen und verstehen.

Hast du Kommentare verwendet, kannst du dir damit quasi Eselsbrücken bauen, damit du gedanklich wieder schneller in den Quelltext hineinfindest.

Der Befehl für einen Kommentar lautet:

```
<!-Dies ist der Kommentar-->
```

Dabei ersetzt du *Dies ist ein Kommentar* mit beliebigem Text, den du verwenden möchtest.

Alle Texte zwischen <!- und --> werden vom Browser als Kommentar erkannt und völlig ignoriert.

Unser letztes Beispiel (*website5.html*) mit den Überschriften, könnte als kommentierter Quelltext so aussehen:

```
<!DOCTYPE html>
<html>
<!- Öffnet das HTML-Dokument -->
<head>
<!- Öffnet den Dokumentenkopf -->
<title>Die sechs Ebenen</title>
<!- Der Titel -->
```

```
</head>
<!- Schließt den Dokumentenkopf -->
<body>
<!- Öffnet den Inhalt -->
<h1> Ebene 1 </h1>
<!- Überschrift: Ebene 1 -->
<h2> Ebene 2 </h2>
<!- Überschrift: Ebene 2 -->
<h3> Ebene 3 </h3>
<!- Überschrift: Ebene 3 -->
<h4> Ebene 4 </h4>
<!- Überschrift: Ebene 4 -->
<h5> Ebene 5 </h5>
<!- Überschrift: Ebene 5 -->
<h6> Ebene 6 </h6>
<!- Überschrift: Ebene 6 -->
</body>
<!- Schließt den Inhalt -->
</html>
<!- Schließt das HTML-Dokument -->
```

Ich geb's ja zu, das sieht jetzt viel verwirrender aus als der ursprüngliche Quelltext. Du sollst Kommentare auch nur einsetzen, wenn sie dir helfen.

Und wenn du diesen Quelltext abgetippt hast, dann kennst du ganz sicher die Bedeutung jedes dieser Tags.

Zusammenfassung

Du hast erfolgreich deine erste Webseite erstellt. Auch wenn noch nicht viel darauf zu sehen ist. Das ist ein guter Anfang!

- Du weißt nun, wie der Quelltext einer Webseite aufgebaut ist.
- Jeder Quelltext einer Webseite beginnt mit <html> und endet mit </html>.
- Du musst immer einen Titel der Seite angeben. Den schreibst du zwischen <title> und </title>.
- Der Dokumentenkörper zwischen den Tags <body> und </body> beinhaltet alles, was auf der Seite später sichtbar ist.

- Du hast gelernt, dass Zeilenumbrüche im Quelltext nichts bedeuten. Dafür musst du das Tag <br> verwenden.
- Es ist sinnvoll, den sichtbaren Text im Quelltext in Absätze aufzuteilen. Dafür verwendest du das Tag p.
- Horizontale Linien markieren das Ende eines thematischen Absatzes. Angezeigt wird im Browser aber einfach eine horizontale Linie. Du erstellst eine Linie mit dem Tag <hr>.
- Es gibt sechs Ebenen für Überschriften, die du nun alle einsetzen kannst. Dazu verwendest du die Tags h1 bis h6.
- Du kannst sogar schon Kommentare in deinen Quelltext einfügen. Diese dienen nur zur Erklärung und haben keine Auswirkung auf die Anzeige im Browser.
- Alle HTML-Befehle werden in kleinen Buchstaben geschrieben.

Ein paar Fragen ...

1. Was bewirkt die Angabe des Titels zwischen <title> und </title>?
2. Wie wirkt sich ein Absatz auf die Anzeige aus?
3. Wie wird ein Kommentar in den Quelltext eingefügt?
4. Aus welchen Tags muss ein HTML-Quelltext mindestens bestehen?
5. Welche Überschriftebenen gibt es und wie heißen sie?
6. Was ist hier falsch?

```
<html>
<head><title></title></head>
<body>
</html>
```

... und eine kleine Aufgabe

Erstelle einen kleinen Quelltext, der eine Überschrift, etwas Text (in zwei Absätzen) enthält. Zwischen den Absätzen soll eine horizontale Linie sein.

3

Text für deine Seite

Das Grundgerüst einer Seite hast du im letzten Kapitel bereits erfolgreich erstellt. Jetzt wird es Zeit, dass du noch mehr Text auf deine Seite bringst. Die dazu nötigen Tags lernst du hier kennen.

- Text kursiv und fett
- Verschiedene Schriftgrößen und Kapitälchen
- Logische Textmarkierungen (Zitate usw.)
- Die universellen Tags für Text
- Erste Schritte mit Stylesheets
- CSS im HTML-Quelltext

Formatierungen für deinen Text

Wie du Text für deine Webseite eingibst, hast du bereits im letzten Kapitel gelernt. Doch der ganze Text sieht gleich aus, alles schwarz, nichts ist fett oder kursiv, alles ist gleich groß. Das sieht ziemlich langweilig aus – nur die Überschriften bringen ein wenig Abwechslung auf die Seite. Natürlich gibt es auch Möglichkeiten, den Text etwas interessanter zu gestalten.

Fetter und kursiver Text

Zuerst zeige ich dir, wie du Wörter oder ganze Absätze in deinem Text fett oder kursiv darstellen kannst. Diese zwei Formatierungen sind sicher die am meisten genutzten. Und du wirst sehen: Es ist ganz einfach.

Fetter Text

Einzelne Wörter oder auch Textpassagen können besonders gut durch fetten Text hervorgehoben werden. Sofort stechen diese Textstellen ins Auge und der Leser weiß, dass dieser Bereich besonders wichtig ist oder du aus sonstigen Gründen darauf hinweisen möchtest.

In HTML kannst du fetten Text erzeugen, indem du das Element `b` (es kommt vom englischen *bold*, was so viel wie fett bedeutet) verwendest. Das Element besteht aus den beiden Tags <b> und </b>. Der fette Text wird einfach zwischen die beiden Tags geschrieben.

```
<b> Dieser Text ist fett! </b>
```

Kursiver Text

Manchmal soll Text auch kursiv hervorgehoben werden. Das ist nicht ganz so aufdringlich, beim Lesen fällt es aber dennoch auf.

Im Buch habe ich auch einige Wörter kursiv geschrieben, zum Beispiel das englische Wort *bold* im letzten Absatz. So siehst du sofort, dass es ein Begriff ist, auf den du achten sollst.

Kursiven Text erzeugst du mit dem Element `i`. Es ist die Abkürzung für das englische Wort *italic*, was so viel wie kursiver Text bedeutet. Wieder wird der kursive Text zwischen die beiden Tags <i> und </i> geschrieben.

```
<i> Dieser Text ist kursiv! </i>
```

Du kannst so auch fetten und gleichzeitig kursiven Text darstellen. Wie das geht, siehst du im nächsten Beispiel.

Schau dir doch mal den folgenden Quelltext an. Da siehst du den praktischen Einsatz und auch die Kombination der beiden Befehle. Probiere es mal aus. Mit diesen beiden weiteren HTML-Befehlen kannst du schon ganz schön viel mit deinem Text machen.

```
<!DOCTYPE HTML>
<html>
<head>
<title> Textformatierung 1 </title>
</head>
<body>
<h2> Fett und kursiv! </h2>
Oft ist es sinnvoll, wenn Text
<b>fett</b>
oder
<i>kursiv</i>
erscheint.
<br>
Manchmal soll der Text
<b><i>fett und kursiv</i></b>
erscheinen.
</body>
</html>
```

- Gib den Text in deinen Editor ein.
- Speichere diesen Quelltext unter dem Namen *text1.html* ab.
- Öffne die abgespeicherte Datei im Browser.

Ist es dir aufgefallen, wie das geht, Text fett und kursiv zu definieren? Du musst die Tags einfach ineinander schreiben. Dabei musst du aber die Reihenfolge beachten, die Tags müssen immer in genau umgekehrter Reihenfolge geschlossen werden, wie sie geöffnet wurden.

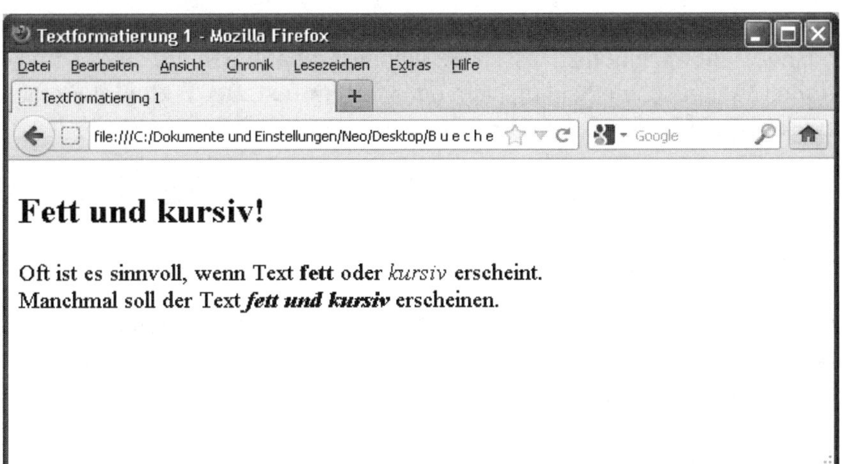

Fetter und kursiver Text

Wenn du alles richtig abgetippt hast, dann sollte es bei dir genauso aussehen wie auf dem Bild hier im Buch. Deutlich siehst du, wie der Text fett und kursiv angezeigt wird.

Kleiner Text und mehr

Du kannst auch festlegen, dass Text etwas kleiner angezeigt wird. Außerdem kannst du den Text hoch- oder tiefgestellt anzeigen lassen. Da diese Textformatierungen relativ selten gebraucht werden, zeige ich sie dir hier nur ganz kurz.

> Früher gab es auch ein Element für größeren Text, seit HTML 5 gibt es das jedoch nicht mehr. Wenn du einen Quelltext siehst, kann es sein, dass du dort noch die Tags `<big>` und `</big>` findest. In HTML 5 darfst du sie jedoch nicht mehr verwenden. Allerdings zeigen die Browser sie weiterhin richtig an.

Kleiner Text

Um den Text etwas verkleinert anzeigen zu lassen, verwendest du das Element `small`. Es funktioniert genauso wie bei kursivem oder fettem Text. Der Text wird einfach zwischen die Tags `<small>` und `</small>` geschrieben:

```
<small> Dieser Text ist kleiner als der Rest! </small>
```

Hochgestellter Text

Manchmal ist es nötig, dass Text hochgestellt angezeigt wird. Das kann z.B. bei Angaben wie Quadratmeter (m^2) nötig sein. Um den Text etwas hochgestellt anzeigen zu lassen, verwendest du das Element `sup`. Es funktioniert genauso wie bei kursivem oder fettem Text. Der Text wird einfach zwischen die Tags `<sup>` und `</sup>` geschrieben:

```
Die Wohnung hat 86 m<sup>2</sup>.
```

Tiefergesetzter Text

Um den Text etwas tiefer gesetzt anzeigen zu lassen, verwendest du das Element `sub`. Auch hier funktioniert es wieder wie bei den anderen Textformatierungen. Der Text wird einfach zwischen die Tags `<sub>` und `</sub>` geschrieben:

```
Die Formel für Wasser lautet: H<sub>2</sub>0.
```

Natürlich kannst du alle Textformate mischen, die du bisher kennengelernt hast.

Das folgende Beispiel zeigt dir den Einsatz dieser Textformate.

```
<!DOCTYPE HTML>
<html>
<head>
<title> Textformatierung 1 </title>
</head>
<body>
<h2> Kleiner Text </h2>
<h2> hoch- und tiefgestellt! </h2>
Text kann
<small> verkleinert </small>
angezeigt werden.
<br>
Außerdem kann Text
<sup> hochgestellt </sup>
oder
<sub> tiefgestellt </sub>
werden.
<br>
Meine Wohnung hat 75 m<sup>2</sup>
<br>
sieht nicht so gut aus wie
<br>
Meine Wohnung hat 75 m<sup><small>2</small></sup>
<br>
<b> Siehst du den Unterschied? </b>
</body>
</html>
```

- Gib den Quelltext in den Editor ein.
- Speichere ihn unter dem Namen *text2.html* ab.
- Öffne die Datei im Browser

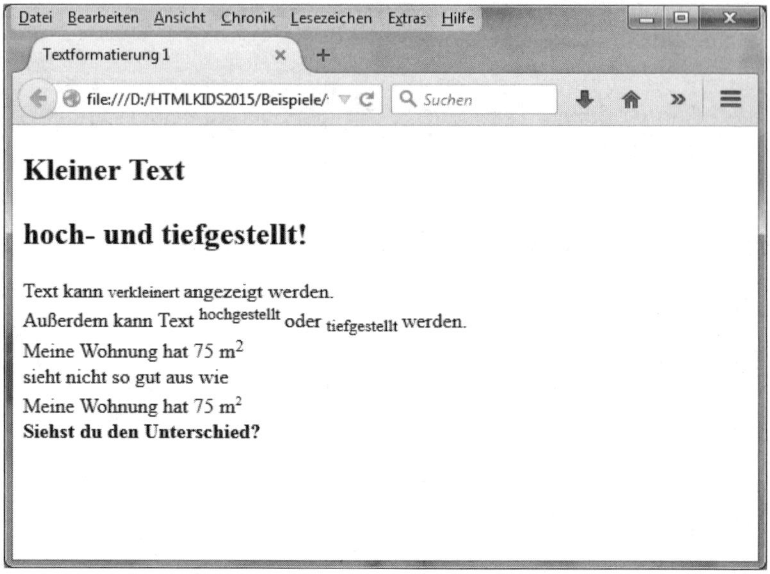

Einsatz der Textformate

Spezielle Textformate

Jetzt wird's richtig interessant. Hier lernst du die Formatierungen kennen, die keine sichtbare Auswirkung im Browser haben. Manchmal haben sie auch eine Auswirkung, aber du weißt nicht, welche. Der Text könnte kursiv oder fett sein, du weißt einfach nicht, wie der Besucher deiner Website das sehen wird.

Jetzt denkst du bestimmt: Was soll das denn jetzt? Doch das hat alles einen Sinn. Die Textformate, um die es hier geht, nennt man *logische Textformate*.

In HTML spricht man von *physischen* und *logischen Textformaten*. Physische Textformate hast du im letzten Abschnitt kennengelernt. Das war zum Beispiel kursiver oder fetter Text. Logische Textformate sagen nicht, dieser Text ist fett oder kursiv, sondern sie sagen zum Beispiel: Der Text ist wichtig. Wie die Anzeige dann aussieht, definierst du mithilfe von CSS (Cascading StyleSheets). Mehr darüber erfährst du gleich am Ende des Kapitels.

Hier zeige ich dir einige logische Textformate und wie du sie einsetzt.

Wenn du mehr über diese Formatierungen wissen möchtest, schau mal in den Anhang. Dort findest du eine Liste mit allen logischen Textformaten und wie du sie einsetzt.

Zitate

In vielen Texten werden Zitate eingefügt. Diese müssen natürlich kenntlich gemacht werden und sind am besten auf einen Blick in der Gesamtheit als Zitat zu erkennen.

Das Markieren von Text mithilfe von Tags nennt man auch *auszeichnen*. In diesem Abschnitt erfährst du also, wie ein Zitat ausgezeichnet wird.

Zitate markieren

In HTML hast du die Möglichkeit, Zitate kenntlich zu machen, indem du das Zitat zwischen die Tags <q> und </q> schreibst:

```
<q> Dies ist ein Zitat. </q>
```

Programm-Listings

Damit der *Quellcode*, auch *Listing* genannt, sich innerhalb eines Artikels vom restlichen Text abhebt, wird er gesondert formatiert. Dir ist sicherlich schon aufgefallen, dass die Listings (bei HTML nennt man sie auch *Quelltext*) hier im Buch ebenfalls in anderer Schrift gesetzt ist. So erkennst du sofort, wo der Quelltext beginnt und wo er endet.

Listings markieren

Das Tag, mit dem du den Text als Listing markieren kannst, ist das Tag <code> und das Ende wird immer mit dem Tag </code> gesetzt:

```
<code> So wird Quellcode markiert </code>
```

Besonders betonter Text

Manchmal muss eine Textstelle ganz besonders hervorgehoben werden. Genau dafür gibt es das Element em. Es wird dann angewendet, wenn eine Textstelle in der Betonung besonders hervorgehoben werden soll.

Betonten Text markieren

Der so zu betonende Text wird zwischen die Tags <em> und </em> geschrieben:

```
<em> dieser Text ist betont </em>
```

Wichtiger Text

Immer wieder werden in verschiedenen Texten bestimmte Stellen als besonders wichtig erachtet. Diese werden dann vom Autor auffallend markiert. Um Textstellen in HTML-Dokumenten als wichtig zu markieren, verwendet man das Element `strong`.

Wichtigen Text markieren

Wie bei den anderen Textformatierungen auch wird der entsprechende Text zwischen das Tagpaar <strong> und </strong> geschrieben:

```
<strong> Dieser Text ist wichtig. </strong>
```

Jetzt kennst du ein paar Tags, mit denen du Text formatieren kannst. Doch es gibt noch zwei Tags, die ich dir unbedingt vorstellen möchte, du wirst sie häufig brauchen.

Universelle Tags

Es gibt noch zwei Tags, die du im Zusammenhang mit Text oft einsetzen wirst. Das sind die Tags `span` und `div`. Die machen eigentlich nichts Bestimmtes mit dem Text, sie dienen lediglich der Markierung. Das Besondere hierbei ist, dass die Markierung nicht nur keine Auswirkung auf die Anzeige im Browser hat, sondern auch keine logische Bedeutung.

> Im nächsten Abschnitt erfährst du mehr zu Cascading Stylesheets (CSS).

Sie wurden schon mit HTML 4 eingeführt, um Tags zu haben, die über CSS frei definiert werden können.

Das Tag »span«

Das Tag `span` ist ein sogenanntes *Inline-Element* und gedacht, um einzelne Wörter oder Teile eines Satzes zu definieren. Ohne CSS zu verwenden, könntest du es auch weglassen, da es auf die Anzeige im Browser absolut keine Auswirkung hat.

Der Einsatz erfolgt, wie im Beispiel zu sehen:

```
<p>
Das Tag span ist <span>super geeignet</span>, um es mit CSS zu
verwenden.
</p>
```

<span> leitet die Markierung ein und </span> beendet die Markierung.

Das Tag »div«

Einen kleinen Unterschied zum Tag span hat das Tag div. Es ist dazu gedacht, ganze Abschnitte zu markieren, und es gehört zur Gruppe der *Block-Elemente*. Deshalb erzeugt es am Ende des markierten Bereichs auch einen Zeilenumbruch.

Da dies die einzige Auswirkung auf die Anzeige im Browser ist, ist es ebenfalls perfekt geeignet, um es mit CSS zu verwenden.

Den Einsatz siehst du im folgenden Beispiel:

```
<div>
<p>
Das Tag div ist ebenfalls dazu geeignet, um es mit CSS zu verwen-
den.
</p>
</div>
```

Jetzt kennst du schon eine ganze Menge Tags, die du einsetzen kannst, um Text zu markieren. Das Aussehen bestimmst du dann mit Cascading Stylesheets. Bist du schon gespannt, was es damit auf sich hat? Dann lies schnell den nächsten Abschnitt, da erfährst du dann, wie du deinen Text mit CSS aufpeppen kannst.

Block-Elemente & Inline-Elemente

Ich habe gerade eben einmal den Begriff Inline-Element und einmal den Begriff Block-Element gebraucht. Was ist das denn überhaupt? Das ist ganz einfach:

Block-Elemente brauchen einen ganzen Block und Inline-Elemente können innerhalb einer Linie vorkommen. So etwa ist es in der Definition von

HTML beschrieben. Als Faustformel kannst du sagen: Block-Elemente erzeugen einen Zeilenumbruch am Ende und Inline-Elemente tun das nicht.

Geht's auch mit Stil?

In HTML 5 soll das Aussehen des Textes durch *Cascading Stylesheets* (*CSS*) erreicht werden. Wie du bereits am Anfang dieses Kapitels gesehen hast, beeinflussen die meisten Tags für die Textgestaltung das Aussehen nicht oder nur unwesentlich.

Doch was ist, wenn du eine bestimmte Schriftart verwenden oder dem Text eine bestimmte Farbe geben möchtest? Mit reinem HTML kannst du das vergessen, es geht nicht mehr.

Wie, es geht nicht mehr? Das heißt doch, dass es mal ging, und warum jetzt nicht mehr?

Mit HTML 5 wurde eine große Neuheit eingeführt: Es wird zwischen dem Inhalt und dem Aussehen getrennt. Für den Inhalt ist HTML zuständig und für das Aussehen der Webseite ist CSS zuständig.

Attribute in HTML

Bis HTML 4 gab es neben den Tags bzw. Elementen auch noch sogenannte Attribute. Viele Attribute legten das Aussehen des Textes fest. So gab es Attribute für die Textfarbe, die Schriftart usw.

HTML-4-Quelltexte werden auch in aktuellen Webbrowsern richtig angezeigt. Wenn du also Attribute für die Farbe, Größe der Schrift oder die Schriftart verwendest, dann wird ein Besucher deiner Webseite das richtig angezeigt bekommen. Doch wer weiß wie lange noch – und deshalb solltest du es lieber gleich richtig machen.

All diese Attribute gibt es nicht mehr. Es gibt zwar weiterhin Attribute in HTML, doch die sind nicht für das Aussehen des Textes zuständig. Ein paar Attribute lernst du in diesem Buch noch kennen. Aber jetzt fangen wir endlich mit CSS an, denn eine schöne Webseite kannst du ohne CSS nicht mehr erstellen.

Cascading Stylesheets

CSS kannst du auf verschiedene Arten mit deinen HTML-Seiten verknüpfen. Ich zeige dir jetzt die einfachste Art, damit du siehst, wie du den Text so formatieren kannst, wie du es möchtest. Und dabei verwendest du auch gleich ein Attribut, das es weiterhin gibt.

Das Attribut »style«

Und hier ist es auch schon, das erste Attribut. Es heißt `style`. Verwenden kannst du es ganz einfach: Es funktioniert bei allen Tags, die mit Text zu tun haben. Du schreibst es in das öffnende Tag hinein. Am besten zeige ich es dir am Beispiel einer Überschrift:

```
<h1 style="Schlüsselwort:Wert"> Ebene 1 </h1>
```

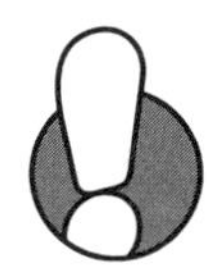

Tippe bei den Beispielen immer die Anführungszeichen mit ab, sie sind sehr wichtig. Machst du hier einen Fehler, dann wird das Ergebnis im Browser nicht richtig angezeigt.

Das sieht nicht so einfach aus, wie du es erwartet hast? Ich erkläre es dir. Hinter dem = kommt der CSS-Befehl und die drei wichtigsten für Text zeige ich dir gleich. Ein CSS-Befehl besteht immer aus einem *Schlüsselwort* und einem *Wert*. Aber jetzt wird es Zeit für ein Beispiel.

Schlüsselwort, *Eigenschaft* und *CSS-Befehl*. Das ist alles das Gleiche, manchmal wirst du die eine Bezeichnung lesen und woanders eine andere. Ich verwende die Bezeichnungen Schlüsselwort und manchmal auch CSS-Befehl.

Farbiger Text

Als Erstes zeige ich dir nun, wie du die Farbe von Text festlegen kannst. Hast du schon den Editor und den Browser geöffnet? Am besten beginnen wir wieder gleich mit einem Beispiel. Vielleicht kommt es dir etwas bekannt vor, es ist das Beispiel mit den Überschriften aus dem letzten Kapitel. Ich habe es nur ein wenig abgeändert.

```
<!DOCTYPE html>
<html>
<head>
```

```
<title>Die sechs Ebenen</title>
</head>
<body>
<h1 style="color:red"> Ebene 1 </h1>
<h2> Ebene 2 </h2>
<h3> Ebene 3 </h3>
<h4> Ebene 4 </h4>
<h5> Ebene 5 </h5>
<h6> Ebene 6 </h6>
</body>
</html>
```

- Tipp den HTML-Quellcode ab.
- Speichere die Datei unter dem Namen *text3.html* ab.
- Öffne diese Datei dann im Webbrowser.

Siehst du es? Die Überschrift der ersten Ebene ist rot anstatt schwarz wie die anderen.

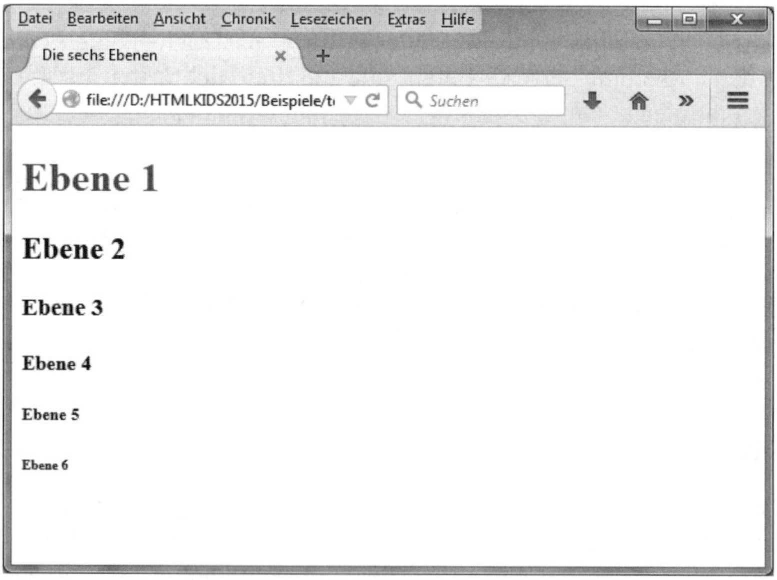

Farbe in der Überschrift

Wozu das Attribut `style` dient, habe ich dir schon erklärt. Neu ist für dich, was zwischen den Anführungszeichen steht:

`"color:red"`

Das sind das CSS-Schlüsselwort `color` und der CSS-Wert `red`.

`color` kommt aus dem Englischen und bedeutet *Farbe* und `red` ist ebenfalls englisch und heißt *rot*. Was da steht, heißt also einfach: `farbe:rot`. Das ist doch easy, oder?

Wichtig ist, dass du beim Abtippen immer sehr sorgfältig bist. Jedes Anführungszeichen, jeder Doppelpunkt und auch jedes Leerzeichen sind wichtig. Sollte mal etwas nicht funktionieren, dann überprüfe zuerst, dass sich da kein Tippfehler eingeschlichen hat.

Farben verwenden

Eine Farbe kennst du schon, doch es gibt natürlich viel mehr. Du kannst aber nicht einfach irgendeine Farbe, die du kennst, verwenden. Dafür gibt es fest definierte Farbnamen. Die wichtigsten habe ich dir hier aufgelistet, im Anhang findest du noch mehr.

Hex-Wert	Farbname	Beschreibung
#00FFFF	Aqua	Blauton
#000000	Black	Schwarz
#0000FF	Blue	Blau
#FF00FF	Fuchsia	Rotton
#808080	Grey	Grau
#008000	Green	Grün
#00FF00	Lime	Hellgrün
#800000	Maroon	Braunton
#000080	Navy	Blauton
#808000	Olive	Grünton
#800080	Purple	Rosarotton
#FF0000	Red	Rot
#008080	Teal	Grünton
#C0C0C0	Silver	Grauton
#FFFFFF	White	Weiß
#FFFF00	Yellow	Gelb

Moment! Was sind das denn für komische Zahlen in der Tabelle?

Das sind Hexadezimalzahlencodes. Mit diesen Zahlencodes lassen sich alle Farben, die ein Computer kennt, erzeugen. So kommt es, dass du auf Webseiten so viele verschiedene Farbtöne siehst.

> Mit den Zahlencodes für Farben kannst du deinen Text in beliebigen Farben und Farbtönen anzeigen lassen. Über 16 Millionen Farben sind so möglich!

Vorerst kannst du mit den Farbnamen aus der Tabelle schon eine ganze Menge machen. Wenn du aber mal ein Profi bist, dann wirst du sicher auch die Zahlencodes verwenden wollen.

Hexadezimalzahlen

Du hast sicher schon gemerkt, dass ich die ganze Zeit von Zahlen rede, da sind doch auch Buchstaben dazwischen? Du hast völlig recht und trotzdem sind das Zahlen. Von der Schule kennst du die Dezimalzahlen, die bestehen aus den Ziffern 0 bis 9.

Hexadezimalzahlen bestehen aus den Ziffern 0 bis 9 und den Buchstaben A bis F. So lassen sich mit sechsstelligen Zahlen mehr Farben abbilden.

> Wichtig beim Einsatz von Hexadezimalzahlen zur Farbdarstellung ist immer die vorangestellte Raute #. Also z.B. `#ff00ff`.

Schriftart festlegen

Du möchtest, dass die Schrift auf deiner Webseite in einer ganz bestimmten Schriftart angezeigt wird? Auch das kannst du durch einen CSS-Befehl umsetzen.

Die Standardschriftart von Browsern ist meist *Times New Roman* und sie wirkt oft etwas langweilig. Außerdem sind lange Texte mit dieser Schriftart oft nicht gut zu lesen. Am besten zeige ich dir am folgenden Beispiel, wie du die Schriftart änderst.

```
<!DOCTYPE html>
<html>
<head>
<title>Die sechs Ebenen</title>
</head>
<body>
```

```
<h1 style="color:red"> Ebene 1 </h1>
<h2 style="font-family:arial"> Ebene 2 </h2>
<h3> Ebene 3 </h3>
<h4> Ebene 4 </h4>
<h5> Ebene 5 </h5>
<h6> Ebene 6 </h6>
</body>
</html>
```

- Tippe den HTML-Quellcode ab.
- Speichere die Datei unter dem Namen *text4.html* ab.
- Öffne diese Datei dann im Webbrowser.

Jetzt hast du nicht nur die Überschrift in der ersten Ebene in der Farbe Rot, sondern die Ebene 2 ist auch in einer anderen Schriftart. Ich habe hier die gerne verwendete Schriftart *Arial* benutzt.

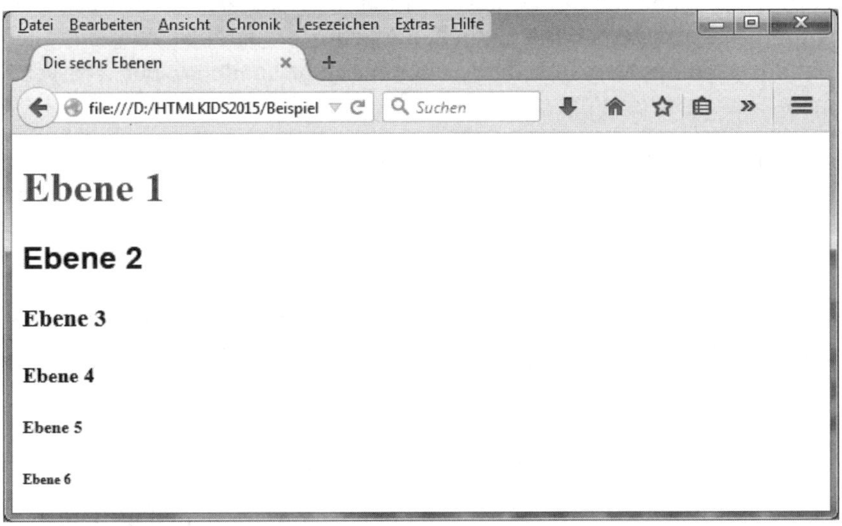

Eine neue Schriftart für den Text

Was hast du getan? Du hast das CSS-Schlüsselwort `font-family` verwendet und den Wert `arial` eingesetzt.

`font-family` kommt wieder aus dem Englischen und heißt wörtlich übersetzt: *Schrift-Familie*. Du kannst es frei mit *Schriftart* übersetzen. Und `arial` ist einfach der Name der Schriftart, die hier verwendet wird. Du kennst sie bestimmt.

Es gibt unzählige Schriftarten, angezeigt werden können aber immer nur die Schriftarten, die auch auf dem Computer des Betrachters deiner Webseite installiert sind. Deshalb bietet es sich an, nur die gängigsten Schriftarten zu verwenden.

Wenn eine Schriftart auf dem Computer eines Besuchers deiner Webseite nicht installiert ist, dann wird der Text dennoch angezeigt. Allerdings in der Standardschriftart.

Ich rate dir, vorerst folgende Schriftarten zu verwenden, da sie auf allen Windows-, Linux- und Mac-Computern vorhanden sind:

```
style="font-family:monospace"
style="font-family:courier new"
style="font-family:arial,verdana,sans-serif"
```

Warum steht im letzten Beispiel nicht nur `arial`, sondern auch noch zwei weitere Schriftarten? Ganz einfach, die Schriftart Arial ist zwar auf allen Windows-Computern installiert, aber nicht bei anderen Betriebssystemen.

Die beiden anderen Schriftarten sehen sehr ähnlich aus und werden dann angezeigt, wenn Arial nicht verfügbar ist. Das ist ein guter Trick, den du dir merken solltest.

Du kannst Alternativ-Schriftarten für das Schlüsselwort `font-family` angeben, indem du sie mit Komma trennst.

Schriftgröße festlegen

Langweilig ist dein Text mit den neuen Schriftarten und Farben nun bestimmt nicht mehr. Aber perfekt wird es erst, wenn du auch die Größe der Schrift anpassen kannst. Und natürlich geht auch das. Dazu brauchst du nur wieder ein weiteres Schlüsselwort und das heißt: `font-size`. Probiere das gleich mal mit dem nächsten Quelltext aus.

```
<!DOCTYPE html>
<html>
<head>
<title>Die sechs Ebenen</title>
</head>
```

```
<body>
<h1 style="color:red"> Ebene 1 </h1>
<h2 style="font-family:arial"> Ebene 2 </h2>
<h3 style="font-size:24px"> Ebene 3 </h3>
<h4> Ebene 4 </h4>
<h5> Ebene 5 </h5>
<h6> Ebene 6 </h6>
</body>
</html>
```

Auch dieses Schlüsselwort kommt aus dem Englischen, `font-size` heißt einfach *Schriftgröße*. Die Schriftgröße wird in `px` oder `pt` angegeben. Es gibt zwar noch weitere Möglichkeiten, aber die sind hier noch nicht wichtig. Du lernst sie später noch kennen.

Hast du den Text in den Editor getippt? Dann speichere alles unter dem Namen *text5.html* ab und öffne die Datei im Browser.

So sieht es mit veränderter Schriftgröße aus.

Und jetzt mal alles gemischt!

Wäre das nicht fantastisch, wenn du jetzt auch noch festlegen kannst, dass dein Text z.B. grün und in einer Schriftgröße von 20 px angezeigt wird? Auch das geht, denn du kannst einem Attribut `style` gleich mehrere CSS-Schlüsselwörter zuordnen.

```
<!DOCTYPE html>
<html>
<head>
<title>Die sechs Ebenen</title>
</head>
<body>
<h1 style="color:red; font-family:arial"> Ebene 1 </h1>
<h2 style="font-family:arial; font-size:44px"> Ebene 2 </h2>
<h3> Ebene 3 </h3>
<h4> Ebene 4 </h4>
<h5> Ebene 5 </h5>
<h6> Ebene 6 </h6>
</body>
</html>
```

- Tippe den HTML-Quellcode ab.
- Speichere die Datei unter dem Namen *text6.html* ab.
- Öffne diese Datei dann im Webbrowser.

Wenn du alles richtig abgetippt hast, dann sollte es bei dir auf dem Monitor so aussehen wie in der Abbildung.

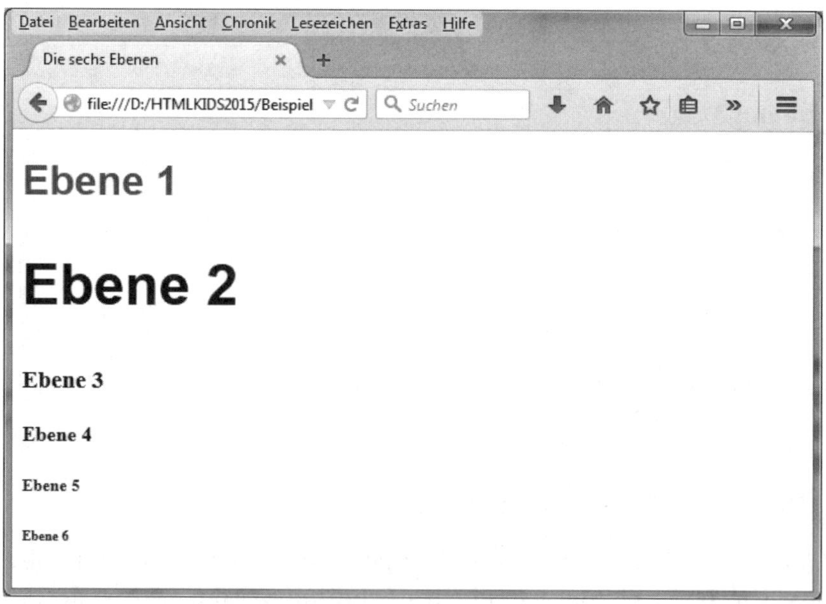

Mehrere CSS-Schlüsselwörter für ein Tag

Ist dir aufgefallen, wie es funktioniert? Du kannst einfach die Schlüsselwörter innerhalb eines Attributs `style` durch ein Semikolon [;] getrennt auflisten. So kombinierst du verschiedene Stile miteinander. Das ist doch toll, oder?

Zusammenfassung

- In diesem Kapitel hast du noch eine ganze Menge Tags zur Markierung von Text kennengelernt. Außerdem hast du schon erste Erfahrungen mit CSS gemacht. Merkst du, wie es vorangeht?
- Du kannst Text kursiv, fett, größer und kleiner anzeigen lassen.
- Du hast gelernt, was logische Textformate sind und worin sie sich von physischen Textformaten unterscheiden.
- Block-Elemente erzeugen einen Zeilenumbruch an ihrem Ende.
- Inline-Elemente erzeugen keinen Zeilenumbruch und sind deshalb besonders gut geeignet, um zum Beispiel für einzelne Wörter in einem Satz verwendet zu werden.
- Du hast die universellen Elemente `div` und `span` kennengelernt.
- Mit CSS kannst du Farbe in den Text bringen, Schriftgrößen und sogar Schriftarten festlegen.
- Das Attribut `style` erlaubt es dir, CSS einem Tag in HTML zuzuordnen.

Ein paar Fragen ...

1. Wie markierst du Text, der hochgestellt angezeigt werden soll?
2. Was sind logische Textformate?
3. Welche Textformate gibt es außer den logischen Textformaten noch?
4. Wie kannst du Text als Zitat markieren?
5. Was bedeutet es, wenn ich sage, dass ein Text fett ausgezeichnet wird?
6. Nenne ein Block-Element und ein Inline-Element.
7. Wie werden CSS-Befehle genannt? Bitte nenne beide Begriffe.

8. Welches Schlüsselwort brauchst du zum Festlegen der Schriftart und welches für die Schriftgröße?
9. Was bedeutet CSS ausgeschrieben?

... und ein paar Aufgaben

1. Erstelle einen kurzen Quelltext, in dem neben der Überschrift in einem Absatz kursiver und fetter Text vorkommt. Enden soll er mit einem Zitat, das fett angezeigt werden soll.
2. Ändere den von dir erstellten Quelltext so, dass die Überschrift in Grün und 40px Schriftgröße angezeigt wird.
3. Sieh dir den folgenden Quelltext an. Dann ändere ihn so, dass die Schriftart des mit `div` ausgezeichneten Textes Arial ist. Außerdem soll der Text zwischen `<span>` und `</span>` blau angezeigt werden.

```
<!DOCTYPE HTML>
<html>
<head>
<title> Textformatierung 1 </title>
</head>
<body>
<div>Mit <span>CSS</span> wird deine Webseite bunt!</div>
</body>
</html>
```

4

Bilder, Videos & Musik

Du kannst jetzt schon eine brauchbare HTML-Seite erstellen. Doch nur Text, das ist doch ein bisschen langweilig, oder? Also nix wie ran und lerne, wie du Bilder in deine Webseite einfügst. Und wenn wir schon dabei sind, wie wär's denn mit eigenen Videos und Musik? Hier erfährst du, wie deine Webseite multimedial wird.

- Bilder und Grafiken für deine Webseite
- Videos für deine Seite
- Beliebige Inhalte durch Inline-Frames
- Musik und Töne auf deiner Seite
- Was du bei Multimediadateien beachten musst

Bilder für deine Seite

Wie heißt es so schön? – Ein Bild sagt mehr als tausend Worte. Also solltest du auch Bilder auf deiner Webseite verwenden.

Woher bekomme ich das Bild?

Wenn du dich ein bisschen mit Bildbearbeitung auskennst, ist das ganz toll, denn dann kannst du dir deine eigenen Bilder für die Webseite erstellen. Ansonsten ist das auch nicht so schlimm, im Internet gibt es eine ganze Menge Bilder, die du kostenlos herunterladen kannst.

Du darfst nicht jedes Bild, das du im Internet siehst, herunterladen, um es selber zu verwenden. Dazu benötigst du immer die Erlaubnis desjenigen, der das Bild gemacht hat.

Es gibt im Internet Plattformen, auf denen du Bilder herunterladen kannst. Meist kosten die Bilder etwas, doch viele dieser Plattformen bieten auch Gratis-Bilder an. Es kann sein, dass du dich dort registrieren musst, um die Gratis-Bilder zu bekommen. Wenn das so ist, dann rede vorher mit deinen Eltern, ob sie dir dort einen *Account* (Zugang) anlegen.

Es gibt auch Plattformen, bei denen du Grafiken und Bilder umsonst herunterladen kannst, ohne dich vorher zu registrieren. Schau doch mal auf den folgenden Webseiten vorbei:

- *www.publicdomainarchive.com*
- *www.openclipart.org*
- *www.unsplash.com*
- *nos.twnsnd.com*
- *www.superfamous.com*
- *www.thepatternlibrary.com*
- *www.gratisography.com*

Ganz toll ist die Webseite *www.pixabay.com*, aber hier musst du dich registrieren. Frag doch einfach deine Eltern, ob sie dir dabei helfen.

Wenn du Bilder, die du auf diesen Webseiten heruntergeladen hast, verwenden möchtest, dann solltest du auf jeden Fall die Bedingungen lesen, unter denen du das darfst. Da das ziemlich komplizierte Texte sind, fragst du am besten auch hier deinen Vater oder deine Mutter um Hilfe.

Natürlich kannst du auch deine eigenen Fotos verwenden, das ist noch viel besser! Außerdem kannst du dann sicher sein, dass diese Fotos auf keiner anderen Webseite zu finden sind.

Das Bild kommt auf die Seite

Bevor du nun aber das ausgewählte Bild in deine Webseite einbinden kannst, solltest du erst einmal prüfen, in welchem Format es vorliegt. Bei

Webseiten werden am meisten die Formate *JPEG*, *PNG* oder *GIF* verwendet.

Bilder im *PNG*-Format können auch einen transparenten (durchsichtigen) Hintergrund haben. Bilder im *GIF*-Format gibt es auch als kleine Animationen, also als bewegte Bilder.

Die meisten Browser können auch andere Bildformate richtig anzeigen. Doch da du nicht weißt, mit welchem Browser ein Besucher deiner Webseite unterwegs ist, ist es sinnvoll, sich auf diese drei Formate zu beschränken.

Besonders die Formate *JPEG* und *GIF* haben bei einer hohen Bildqualität eine geringe Dateigröße. Das bedeutet, dass sie viel schneller geladen werden als zum Beispiel ein Bild im *BMP*-Format.

Wenn du dir ein schönes Bild für deine Seite ausgesucht hast, dann musst du es noch in die Seite einbinden. Auch dafür gibt es wieder einen eigenen HTML-Befehl. Das ist das Tag <img>. Aber jetzt wird es Zeit für das erste Beispiel, das wir *multi1.html* nennen.

```
<!DOCTYPE html>
<html>
<head>
<title>Seite mit Bild</title>
</head>
<body>

<img src="bild1.jpg">

</body>
</html>
```

So einfach ist es, ein Bild in die Webseite einzufügen. Der Befehl <img> wird immer zusammen mit dem Attribut `src` verwendet. Das Attribut `src` sagt dem Browser, von wo er das Bild laden soll. In unserem Beispiel liegt das Bild im selben Ordner wie die HTML-Datei, deshalb muss kein Pfad zur Datei angegeben werden.

Das Tag `img` ist ein leeres Element, es gibt also kein schließendes Tag.

Speichere den Quelltext unter dem Namen *multi1.html* ab und öffne die Datei dann in deinem Browser. Es sollte so wie in der Abbildung aussehen.

Deine Seite mit dem Bild

Oft kommt es jedoch vor, dass Bilder auf einer Webseite in einem eigenen Ordner abgelegt werden, dann musst du den Pfad zu diesem Ordner auch angeben, also zum Beispiel:

```
<img src=".../ordner/bild1.jpg">
```

Manchmal wirst du aber auch Bilder von einem ganz anderen Server herunterladen. Dann musst du die komplette Internetadresse des Bildes angeben, also zum Beispiel:

```
<img src="http://fremdewebsite.de/ordner/bild1.jpg">
```

Die Größe eines Bildes

Bevor wir zu den Größenangaben bei Bildern kommen, muss ich noch mal etwas Theorie einschieben. Aber keine Angst, das ist interessant und auch nur kurz.

Die Grafikauflösung

Als Auflösung einer Grafik wird die Anzahl der Bildpunkte bezeichnet. Dabei wird Bildhöhe mal Bildbreite angegeben. So hat ein Bild mit der Auflösung 100 x 200 = 20.000 Bildpunkte.

Man sagt dann allerdings nicht, dass die Grafik eine Auflösung von 20.000 Bildpunkten hat, sondern: »Die Auflösung beträgt 100 x 200 Bildpunkte.« Statt Bildpunkte wird oft auch der englische Begriff *Pixel* verwendet. Durch diese Art der Angabe wird dann auch gleich das Maß in Höhe und Breite des Bildes mit angegeben.

Da für jedes Pixel eines Bildes Informationen abgespeichert werden müssen, braucht ein Bild umso mehr Speicherplatz, je höher die Auflösung ist. Deshalb empfiehlt es sich, die Auflösung immer möglichst niedrig zu wählen. Je niedriger die Auflösung ist, umso schlechter wird dann allerdings auch das Bild, wenn die sichtbare Größe gleich bleibt.

Deshalb solltest du ein Bild immer so nachbearbeiten, dass es in der Größe vorliegt, in der es benötigt wird. So hast du dann immer die bestmögliche Qualität bei möglichst geringen Dateigrößen.

Höhe und Breite im Quelltext

Im letzten Beispiel wurde das Bild in seiner vollen Größe im Browser angezeigt. Wenn du die Größe nicht im Quelltext festlegst, dann nimmt das Bild sich so viel Platz, wie es braucht.

Deshalb solltest du dein Bild immer so bearbeiten, dass es die richtigen Maße für deine Webseite hat. Doch es gibt auch eine Möglichkeit, die Bilder mit HTML auf die richtige Größe zu bringen. Du kannst mit den Attributen `height` und `width` die Größe beeinflussen. Dabei werden die Werte in Bildpunkten angegeben.

Nach den HTML-Spezifikationen (die Definition von HTML) ist dies allerdings nicht zulässig. Gedacht sind die erwähnten Attribute `height` und `width` dazu, die Größe der zu ladenden Grafik in Bildpunkten anzugeben, damit der Seitenaufbau von Anfang an richtig ist. Doch es funktioniert und »alle machen es«.

Prozentangaben, wie z.B. 50% zum Halbieren der Höhe und Breite oder 200% zum Verdoppeln der Höhe und Breite des Bildes, funktionieren auch. Allerdings sind diese Funktionen so unzuverlässig, dass du darauf komplett verzichten solltest.

Wenn du andere Werte als die tatsächlichen Bildmaße angibst, dann solltest du darauf achten, dass die Seitenproportionen erhalten bleiben, sonst leidet die Darstellungsqualität darunter.

Die beiden Attribute sollen laut den Spezifikationen immer zusammen mit dem Tag `img` verwendet werden und müssen logischerweise immer zusammen eingesetzt werden. Das könnte dann so aussehen:

```
<img src="bild20.jpg" width="600" height="450">
```

Schau dir das nächste Beispiel an und dann tippe es ab.

```
<!DOCTYPE html>
<html>
<head>
<title>Bilder skalieren</title>
</head>
<body>
<h1>Skalierte Bilder</h1>
<img src="bild20.jpg" width="277" height="200">
<img src="bild20.jpg" width="139" height="100">
</body>
</html>
```

Nun speichere den Quelltext als *multi1a.html* ab. Im Browser siehst du dann deutlich, wie das gleiche Bild in zwei unterschiedlichen Größen angezeigt wird.

Ein Bild in zwei Größen

Alternativtext

Es gibt Leute, die haben die Grafikanzeige im Browser deaktiviert. Oder aus irgendeinem Grund wird ein Bild nicht übertragen und dann wird ein eventuell festgelegter *Alternativtext* angezeigt. Der Alternativtext erscheint dann, wenn die Grafik aus irgendeinem Grund nicht dargestellt wird.

Damit kann sich der Betrachter eine Vorstellung davon machen, was für eine Grafik dort zur Verdeutlichung des Textes abgebildet ist, und sie eventuell manuell nachladen.

Ein weiterer wichtiger Aspekt ist der Einsatz von Grafiken als Links. Hast du eine Grafik als Link definiert (wie das geht, erfährst du im Kapitel über Links), dann kann der Link nur ausgeführt werden, wenn eine Alternative zur Grafik vorhanden ist, hier der Alternativtext.

Auch für die Suchmaschinenoptimierung ist der Alternativtext wichtig. Hier lassen sich hervorragend Suchbegriffe (sogenannte *keywords*) unterbringen. Etwas über Suchmaschinenoptimierung erfährst du auch im Kapitel über das Tag `meta` weiter hinten im Buch.

In vielen Webbrowsern hat der Alternativtext eine weitere Funktion: Wenn du mit dem Mauszeiger auf das Bild fährst, erscheint eine Box mit dem Alternativtext darin. So kannst du dort auch weitere Informationen unterbringen.

Alternativtexte kannst du durch den Einsatz des Attributs `alt` festlegen. Dazu gibst du den Alternativtext hinter dem Attribut in Anführungszeichen eingeschlossen an. Im nächsten Beispiel wird ein Alternativtext einer Grafik zugeordnet:

```
<!DOCTYPE html>
<html>
<head>
<title>Alternativtext</title>
</head>
<body>
<h1>Alternativtext für Bilder</h1>
<img src="bild20.jpg" width="554" height="400" alt="Hier soll ein
Bild angezeigt werden!">
```

```
<P>Dieses Bild liegt über dem Alternativtext, der Text ist nur zu sehen, wenn das Bild nicht sichtbar ist.</P>
</body>
</html>
```

Speichere diesen Quelltext als *multi1b.html* ab und lade das HTML-Dokument im Browser. Wie erwartet ist vom Alternativtext nichts zu sehen, da die Grafik angezeigt wird.

Der Alternativtext erscheint nur dann, wenn die Grafik nicht geladen wird, egal aus welchem Grund. Er ist also auch zu sehen, wenn die angegebene Grafik nicht vorhanden ist oder die Pfadangabe falsch ist.

Die Abbildung zum Beispiel

Doch an diesem Beispiel siehst du etwas anderes ganz gut. Ist dir der Pfeil in der Abbildung aufgefallen? Auf deinem Monitor hast du ihn nicht angezeigt bekommen. Das Tag `img` erzeugt am Ende keinen Zeilenumbruch, es ist ein Inline-Element. Deshalb würde der Text an der Stelle stehen, wo der Pfeil hinzeigt. Im Quelltext hast du direkt nach dem Tag `img` einen neuen Absatz eingefügt. Weil der Text zwischen `<p>` und `</p>` steht, erscheint der Text unterhalb des Bildes.

Wie wär's mit einem Video

Bestimmt hast du schon Webseiten gesehen, auf denen ein Video zu sehen ist. Ich meine jetzt nicht Plattformen wie *YouTube*, sondern ganz normale Webseiten. Das wäre doch toll, wenn du das auch machen kannst!

Zwei Wege zur Videoeinbindung

Du hast zwei Möglichkeiten, ein Video in deine Webseite einzubinden. Die eine gibt es schon länger, dabei ist das Video gar nicht auf deiner Webseite, sondern es wird sozusagen als Link in einem kleinen Fenster abgespielt. Das machst du mit dem HTML-Befehl `iframe`.

> Wenn du Videos auf deiner eigenen Webseite einbindest, dann gilt das Gleiche wie bei Bildern. Du darfst sie nicht einfach woanders runterladen und dann auf deiner Webseite verwenden. Ganz besonders vorsichtig musst du bei Musikvideos sein: Das ist fast immer verboten und kann richtig Ärger geben!

In HTML 5 ist eine weitere Möglichkeit dazugekommen. Dabei kannst du das Video direkt in deine Seite einbinden, du brauchst es also nicht vorher auf eine Plattform hochzuladen. Das Tolle daran ist, dass dieses Video dann nur die Besucher deiner Webseite sehen können und nicht alle Leute auf YouTube.

Video mit HTML 5

Wie ich erwähnt habe, mit HTML 5 kannst du Videos in deine Webseite einbinden. Praktischerweise heißt der Befehl dazu auch `video`. Am besten schaust du dir gleich das folgende Beispiel an, dann siehst du, wie einfach das ist.

```
<!DOCTYPE html>
<html>
<head>
<title> Video</title>
</head>
<body>
<h1>Video</h1>
```

```
<video width="400" height="300" controls>
<source src="film.ogg" type="video.ogg">
</video>

</body>
</html>
```

Okay, ich hab ein bisschen geschummelt. Es sieht nicht ganz so einfach aus, wie es ist, aber du verstehst das gleich.

Wenn du den Quelltext im Editor abgetippt hast, speicherst du die Datei unter dem Namen *multi2.html* und lädst sie in den Browser.

Wenn du ein Video hast, dann benenne es zu `film.ogg` um und speichere es im selben Verzeichnis wie den Quelltext. Nur dann funktioniert dieses Beispiel. Liegt dein Video in einem anderen Format als dem OGG-Format vor, musst du es zuerst mit einem Videokonvertierer umwandeln.

Dein Video auf der Seite

Das Tag <video> leitet die Einbindung ein, das Tag <source> gibt an, welches Video überhaupt eingebunden werden soll, und das Tag </video> beendet die Definition zum Video. So weit ist bestimmt alles klar, doch was sollen die Zahlen und die anderen Angaben?

> Der HTML-Befehl video muss immer zusammen mit dem Befehl source benutzt werden!

Ich erkläre dir, was das alles bedeutet:

```
<video width="400" height="300" controls>
```

Du musst bei der Einbindung eines Videos immer angeben, wie hoch und wie breit es ist. Dies machst du durch die Attribute width, englisch für *Breite*, und height (*Höhe*). Diese beiden Attribute hast du bereits bei den Bildern kennengelernt.

Durch das Attribut controls gibst du an, dass das Video Steuerelemente hat, also den Start/Stopp/Pause-Schalter. Du kannst anstelle von controls auch autoplay oder loop angeben.

> Du musst eines der Attribute controls, autoplay oder loop beim Tag <video> angeben, ansonsten wird dein Video nicht angezeigt!

Wenn du das Attribut autoplay verwendest, dann startet das Video automatisch, sobald jemand deine Webseite besucht. Und bei Verwendung von loop startet es und wiederholt sich ständig. Der Besucher kann das Video dann nicht anhalten.

> Ich empfehle dir, das Attribut controls zu verwenden. Es gibt immer noch viele Leute, die einen langsamen Internetzugang haben, und es kann ganz schön nervig sein, wenn immer erst ein Video lädt.

Welches Video geladen werden soll, wird mit dem Tag <source> festgelegt.

```
<source src="film.ogg" type="video.ogg">
```

Das Attribut src legt fest, welche Video-Datei geladen werden soll. Und beim type gibst du an, um welche Art von Video-Datei es sich handelt.

Zwei Arten von Video-Dateien sind bei dieser Videoeinbindung wichtig: *ogg*-Videos und *mp4*-Videos. Da du nicht weißt, welchen Browser ein Besucher verwendet und du mehrere `source`-Befehle in einem Video verwenden kannst, hinterlegst du am besten beide Versionen und bindest sie auch beide in deine Webseite ein.

Wenn du beide Arten von Video-Dateien einbinden möchtest, dann sieht das so aus:

```
<!DOCTYPE html>
<html>
<head>
<title>Video</title>
</head>
<body>
<h1>Video</h1>

<video width="400" height="300" controls>
<source src="film.ogg" type="video.ogg">
<source src="film.mp4" type="video.mp4">
</video>

</body>
</html>
```

Speichere den Quelltext unter dem Namen *multi3.html* ab, du wirst ihn gleich noch brauchen. Wenn du ihn in den Browser lädst, dann sieht es genauso aus wie beim letzten Beispiel.

Was passiert, wenn das Video nicht vorhanden ist?

Was passiert eigentlich, wenn der Browser des Besuchers deiner Webseite das Videoformat nicht lesen kann? Dann sieht er eine Fehlermeldung, wie in der nächsten Abbildung zu sehen. Du siehst also, wie wichtig es ist, die Videos in beiden Formaten `*.ogg` und `*.mp4` einzubinden.

Das Gleiche passiert auch, wenn die Videodatei nicht vorhanden ist oder wenn du versehentlich einen falschen Namen verwendest.

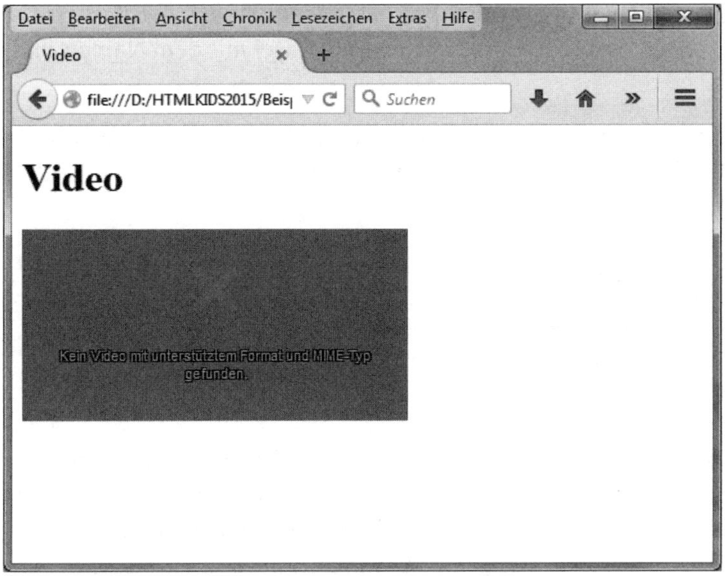

Das Video ist nicht vorhanden.

Ein Vorschaubild für das Video

Etwas langweilig sieht dieses leere Fenster des Videoplayers schon aus, findest du nicht? Wie wäre es, wenn anstelle der grünen Fläche ein Vorschaubild angezeigt wird, das den Besucher neugierig auf das Video macht?

Das geht ganz einfach. Du brauchst nur noch ein zusätzliches Attribut, das Attribut `poster`. Wie es eingesetzt wird, siehst du im nächsten Quelltext.

```
<!DOCTYPE html>
<html>
<head>
<title>Video</title>
</head>
<body>
<h1>Video</h1>
<video width="400" height="300" poster="bild1.jpg" controls>
<source src="film.ogg" type="video.ogg">
<source src="film.mp4" type="video.mp4">
</video>
</body>
</html>
```

Ändere jetzt den Quelltext *multi3.html* ab, indem du das Attribut `poster` wie hier zu sehen einfügst. Und speichere die Datei mit dem Namen *multi4.html* ab.

Dir ist sicher aufgefallen, wo das Attribut `poster` eingefügt wurde. Es wird dem Tag `video` zugeordnet. Die entsprechende Bilddatei wird in Anführungszeichen angegeben.

> Das Vorschaubild muss im selben Ordner wie das Video liegen, damit es richtig geladen wird. Deshalb brauchst du auch hier keinen Dateipfad anzugeben, sondern nur den Namen der Bild-Datei.

Du musst also ein Vorschaubild erstellen, es wird nicht der erste oder letzte Frame des Videos automatisch angezeigt. Das ist auch gut so, denn so kannst du ein wirklich passendes Bild erstellen und verwenden.

Jetzt kannst du die Datei *multi4.html* in den Browser laden. Mit einem Vorschaubild sieht das doch gleich viel schöner aus!

Das Video mit Vorschaubild

Video über YouTube einbinden

Ich habe es schon erwähnt, du kannst Videos auch von Videoplattformen einbinden. Auch das ist ganz einfach. Meist stellen diese Plattformen sogar schon den dazu nötigen HTML-Code zur Verfügung. Wir schauen uns das jetzt am Beispiel von *YouTube* an.

Gib also in die Adressleiste deines Browsers *www.youtube.de* ein, dann lädt YouTube. Dort suchst du dir ein Video aus, das dir gefällt.

> Denke wieder daran, dass du nicht einfach jedes Video auf deiner Seite veröffentlichen darfst. Sei besonders vorsichtig, wenn das Video, Musik oder Filmausschnitte enthält.

Video von YouTube einbinden

- Bei YouTube findest du direkt unter dem Video die Schaltfläche TEILEN (in der Abbildung neben der 1).
- Klicke auf die Schaltfläche und du kannst auswählen, wie du das Video teilen möchtest.
- Wähle EINBETTEN (in der Abbildung bei der 2).
- Jetzt wird dir der Code zum Einbinden angezeigt. Kopiere ihn einfach in die Zwischenablage.

In die Zwischenablage kopieren kannst du, indem du die rechte Maustaste drückst und im Menü, das dann erscheint, KOPIEREN auswählst.

- Diesen Code kannst du einfach in den Quelltext deiner Webseite einfügen.

Natürlich kannst du auch eigene Videos zu YouTube hochladen und diese dann so in deine Webseite einbinden. Dazu brauchst du dann einen Account bei YouTube, das heißt, du musst dich dort anmelden. Frage am besten deine Eltern, ob sie dir dabei helfen.

Das nächste Beispiel zeigt dir die Einbindung eines Videos von YouTube in deine eigene Webseite. Hier wurde nur anstelle der Tags video und source der aus YouTube kopierte Code in den Quelltext eingefügt.

```
<!DOCTYPE html>
<html>
<head>
<title>Mein Video</title>
</head>
<body>
<h1>Video</h1>

<iframe width="560" height="315" src="https://www.youtube.com/
embed/D7PnJ7X-vT8" frameborder="0" allowfullscreen>
</iframe>

</body>
</html>
```

Speichere diesen Quelltext mit dem Namen *multi5.html* ab und lade die Datei anschließend in deinen Browser. Jetzt siehst du das YouTube-Video in deiner Webseite.

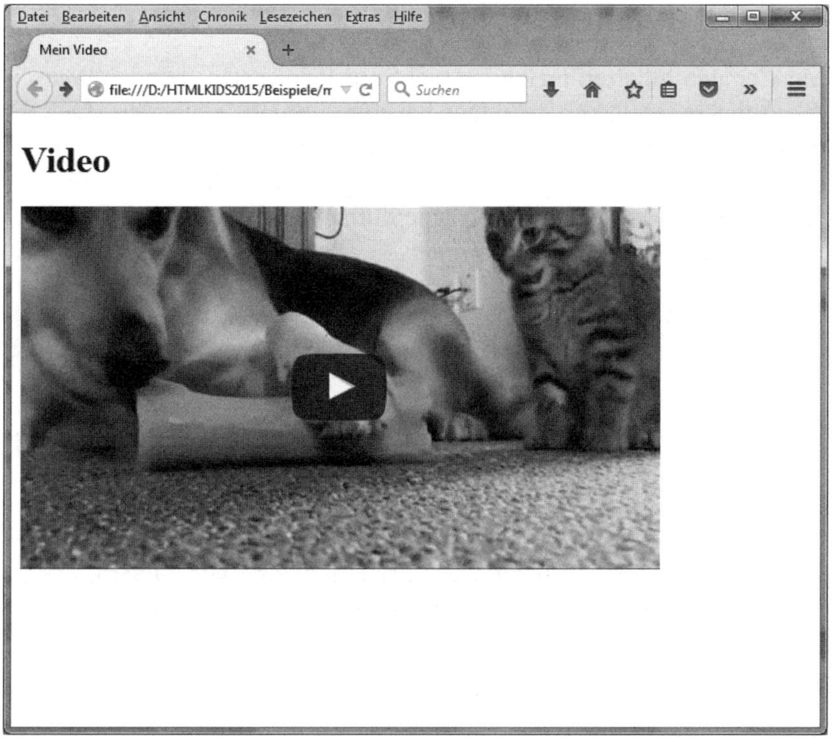

Ein Video von YouTube auf deiner Webseite

Probiere es ruhig aus und starte das Video. Wenn du mit dem Internet verbunden bist, dann kannst du es dir ansehen.

Du musst nicht nur klären, ob du ein fremdes Video überhaupt verwenden darfst, manche Videos lassen sich gar nicht in deine Webseite einbinden. Probiere deshalb immer aus, ob die Videos auch laufen, nachdem du den Code in den Quelltext eingefügt hast.

Ein vielseitiges Tag: »iframe«

Bei der Einbindung eines Videos über YouTube wird das Video mittels eines Tags eingebunden, das `iframe` heißt. Ich bin da nicht näher darauf eingegangen, da der komplette zur Einbindung nötige Quelltext von YouTube zur Verfügung gestellt wurde. Doch es lohnt sich, einen Blick auf dieses Tag zu werfen.

Fremde Inhalte einbinden

Mit fremden Inhalten meine ich nicht nur Inhalte von fremden Webseiten, sondern es lassen sich fast beliebige Inhalte einbinden. Typische Anwendungen sind neben Videos z.B. auch Rechner für Stromvergleiche und Ähnliches. Im Prinzip kannst du so sogar eine andere Webseite komplett in die eigene einbinden. Solche durch das Tag `iframe` eingebundenen Inhalte nennt man *Inline-Frames*.

Häufig werden Inline-Frames auch verwendet, um Inhalte einzubinden, die auf vielen einzelnen Seiten deiner Website benötigt werden. Muss dann daran etwas geändert werden, brauchst du nur die eingebundene Datei zu ändern und nicht jede einzelne Seite.

Das Tag `iframe` muss immer mit dem Attribut `src` eingesetzt werden. Dieses Attribut kennst du bereits aus der Einbindung von Bildern. Es legt fest, welche Datei eingebunden wird. Lass uns das mal im folgenden Beispiel anschauen.

Nachdem du das Beispiel abgetippt hast, speicherst du es bitte mit dem Namen *multi6.html* ab.

```
<!DOCTYPE html>
<html>
<head>
<title>Inline-Frame</title>
</head>
<body>
<h1>Eingebetteter Inhalt</h1>
<p>Die Videoanzeige auf dieser Seite wird durch ein Inline-
Frame realisiert.</p>
<iframe src="multi2.html" width="450" height="300">
</iframe>
<p>Um das Video zu starten, klicken Sie auf den Pfeil in der
Mitte des Players. </p>
</body>
</html>
```

Dir ist sicher aufgefallen, dass beim Tag `iframe` nicht nur das Attribut `src` angegeben wurde. Zusätzlich gibt es da noch die Attribute `width` (Breite) und `height` (Höhe). Die Werte sind Zahlen und bezeichnen die Pixel.

```
width="450" height="300"
```

Diese Werte geben an, dass das Inline-Frame eine Breite von 450 Pixeln und eine Höhe von 300 Pixeln haben soll.

> Du musst immer die Breite und die Höhe des Inline-Frames angeben, denn es passt sich nicht automatisch an den Inhalt an.

Geladen wird hier das zweite Beispiel aus diesem Kapitel. Dann lass uns mal schauen, wie das Ganze im Browser aussieht. Lade also die Datei *multi6.html* in den Browser.

Deine Webseite mit eingebettetem Inhalt

Bestimmt sind dir der Rahmen um den Inline-Frame und der Scrollbalken an der Seite aufgefallen. Das kann gewollt sein, doch manchmal ist das auch störend.

Scrollbalken werden immer dann automatisch angezeigt, wenn die eingefügte Datei mehr Platz benötigt, als du mit den Attributen `width` und `height` angegeben hast. Du kannst also schnell Abhilfe schaffen, indem du hier den Wert für die Höhe etwas vergrößerst. 350 Pixel sind in unserem Beispiel völlig ausreichend.

Bearbeite am besten gleich den Quelltext, indem du das abänderst. Nach dieser Änderung ist der Scrollbalken nicht mehr sichtbar.

Doch vielleicht möchtest du ja auch den Rahmen wegbekommen. Auch dafür gibt es ein Attribut, es heißt `seamless` und wird einfach ohne Wert dem Tag `iframe` hinzugefügt. Wenn du den letzten Quelltext nun entsprechend bearbeitest, dann sieht er so aus:

```
<!DOCTYPE html>
<html>
<head>
<title>Inline-Frame</title>
</head>
<body>
<h1>Eingebetteter Inhalt</h1>
<p>Die Videoanzeige auf dieser Seite wird durch ein Inline-
Frame realisiert.</p>
<iframe seamless src="multi2.html" width="450" height="350">
</iframe>
<p>Um das Video zu starten, klicken Sie auf den Pfeil in der
Mitte des Players. </p>
</body>
</html>
```

Das Attribut `seamless` wird im Augenblick leider von fast keinem Browser unterstützt. Deshalb habe ich einen Trick verwendet, um die Abbildung zu erstellen. Den Trick verrate ich dir im nächsten Abschnitt.

Wenn du diesen Quelltext abspeicherst und dann im Browser betrachtest, dann sieht das Ergebnis aus wie in der Abbildung. Aber im Augenblick leider nur, wenn du den Browser *Google Chrome* verwendest.

Das Ergebnis wäre eine völlige Integration der Inhalte der eingebetteten Webseite in die neue Seite. Niemand sieht, dass der sichtbare Inhalt von zwei verschiedenen Webseiten stammt.

Ein Inline-Frame, das nicht als solches zu erkennen ist

Der geheime Trick

HTML 5 ist abwärtskompatibel zu HTML 4, das bedeutet, dass auch Tags und Attribute noch funktionieren, die es in HTML 4 gab, aber in der Version HTML 5 weggefallen sind.

Und in HTML 4 gab es ein Attribut, mit dem man die Dicke des Randes von Inline-Frames verändern konnte. Das war das Attribut `frameborder`. Als Wert hat man die Dicke des Randes in Pixel angegeben. In unserem Fall müsste es also lauten:

```
frameborder="0"
```

Es gibt auch noch einige andere Möglichkeiten, das zu erreichen, doch das ist die einfachste.

Randlos mit CSS

Eine weitere »saubere« Variante, den Rand wegzubekommen, ist auch noch mit CSS möglich. Doch leider funktioniert auch das im Augenblick nur mit wenigen Browsern, deshalb macht es jetzt keinen Sinn, darauf einzugehen.

Und was ist mit Musik?

Bilder und Videos hatten wir schon und du weißt, wie du diese Multimediaelemente auf deiner Webseite einsetzen kannst. Jetzt fehlt nur noch Musik oder allgemeiner ausgedrückt Audio-Ausgaben.

> Und auch hier musst du wieder das Copyright beachten. Musik, ganz besonders das, was gerade hipp ist, darfst du nicht einfach auf deiner Webseite präsentieren. Es gibt jedoch auch eine Menge an Musik, die man verwenden darf.

Audio für deine Seite

Das Tag, mit dem du Musik oder andere Audio-Dateien in deine Webseite integrieren kannst, heißt `audio`. Du wirst gleich sehen, dass der Einsatz so ähnlich erfolgt wie beim Einbinden von Videos. Auch hier solltest du immer das zweite Tag `source` mit angeben. Am besten zeige ich es dir gleich einmal.

```
<!DOCTYPE html>
<html>
<head>
<title>Audiodateien einbinden</title>
</head>
<body>
<h1>Audio</h1>

<audio autoplay>
<source src="audio.ogg" type="audio/ogg">
<source src="audio.mp3" type="audio/mp3">
</audio>
```

```
</body>
</html>
```

Das Tag `audio` sagt dem Browser, dass hier eine Audiodatei geladen werden soll. Und das Tag `source` kennst du ja noch von der Videoeinbindung.

> Ich habe wieder zwei Formate von Audiodateien im Quelltext eingebunden, denn auch hier besteht das Problem, dass manche Browser das eine und andere Browser das andere Format unterstützen. Auf diese Art funktioniert es dann wieder mit den meisten Browsern.

Derzeit sind drei Typen von Audiodateien möglich:

- `type="audio/mp3"`
- `type="audio/ogg"`
- `type="audio/wav"`

> Das `wav`-Format ist ein eigenes Format von Microsoft und wird auch in Zukunft nicht von anderen Browsern unterstützt werden. Außerdem sind die Dateien wesentlich größer, als wenn sie im `ogg`- oder `mp3`-Format sind. Du wirst es also wahrscheinlich nicht brauchen.

So wie es oben im Quelltext steht, wird die Audiodatei sofort abgespielt, wenn jemand deine Webseite aufruft. Das kann ganz schön nervig sein, aber manchmal ist das natürlich auch gewollt.

Wenn das Attribut `autoplay` beim Tag `audio` angegeben ist, startet die Wiedergabe automatisch. Wenn du wie bei den Videos eine Steuerung anzeigen lassen möchtest, dann verwendest du das Attribut `controls`.

> Du musst immer eines der beiden Attribute `controls` oder `autoplay` im Tag `audio` angeben, da die Wiedergabe sonst nicht funktioniert.

Speichere den Quelltext mit dem Namen *multi7.html* ab, du wirst ihn gleich noch mal brauchen.

> Beide Attribute, `controls` und `autoplay`, werden ohne Werte angegeben.

Jetzt ändern wir den Quelltext noch so ab, dass du Kontrollelemente zum Starten und Stoppen der Audiowiedergabe bekommst. Dazu tauschst du einfach das Attribut `autoplay` gegen `controls` aus.

```
<!DOCTYPE html>
<html>
<head>
<title>Audiodateien einbinden</title>
</head>
<body>
<h1>Audio</h1>
<audio controls>
<source src="audio.ogg" type="audio/ogg">
<source src="audio.mp3" type="audio/mp3">
</audio>
</body>
</html>
```

Speichere den geänderten Quelltext jetzt unter dem Namen *multi8.html* ab und öffne die Datei im Browser. Du siehst jetzt den Audioplayer mit Steuerungsmöglichkeit.

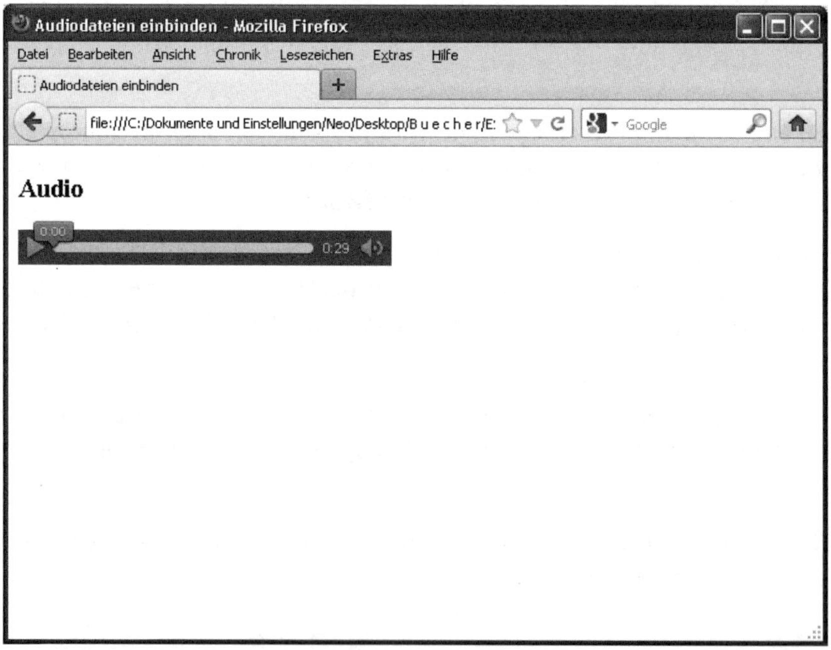

Der Audioplayer für deine Webseite

Zum Starten klickst du einfach auf den Pfeil des Players. Aber das kennst du bestimmt schon.

Damit das funktioniert, muss die Audiodatei natürlich auch vorhanden sein. Im obigen Beispiel liegt sie im selben Ordner wie die HTML-Datei. Ist das z.B. auf deiner Webseite nicht der Fall, dann musst du den richtigen Pfad mit angeben.

Wenn du einen falschen Namen angibst oder der Browser die Datei nicht wiedergeben kann, dann gibt es keine Fehlermeldung. Der Browser ignoriert in diesen Fall das Tag `audio` und tut so, als wenn du nichts definiert hättest. Ein Besucher sieht dann also nichts.

Zusammenfassung

So langsam kannst du eine ganze Menge mit HTML anstellen. Du siehst, dass HTML wesentlich mehr kann, als nur einfach Text ins Internet zu bringen.

- Du kannst eigene Bilder in die Webseite integrieren und du hast gesehen, wo du Bilder bekommen kannst, wenn du keine eigenen hast.
- Mithilfe der Attribute `width` und `height` kannst du die Größe deiner Bilder anpassen.
- Auch Videos kannst du einbinden, eigene oder auf YouTube veröffentlichte.
- Du brauchst die Erlaubnis des Rechteinhabers, um fremde Bilder, Videos oder Musik auf deiner Webseite zu veröffentlichen.
- Du hast die Möglichkeiten von Inline-Frames kennengelernt und kannst sie einsetzen.
- Du weißt jetzt, wie du Musik und Töne in deine Webseite einbindest.

Ein paar Fragen ...

1. Darfst du ein Bild, das du auf einer anderen Webseite gesehen hast, auf deiner eigenen verwenden?
2. Welches Tag brauchst du, um eine Grafik einzubinden?

3. Was musst du beachten, wenn du ein Bild in deine Seite einbinden möchtest und du es dabei verkleinerst?
4. In welchen Formaten kannst du Videos in deine Webseite einbinden? Was musst du dabei beachten?
5. Welche Tags benötigst du, damit du ein Video in deine Seite einbinden kannst?
6. Welches Tag wird verwendet, um ein Video über YouTube einzubinden?
7. Warum musst du bei Inline-Frames immer auch die Größe des Inline-Frames festlegen?
8. Wie kannst du Musik oder Ton in deine Webseite einbinden?

... und ein paar Aufgaben

1. Erstelle einen kurzen Quelltext, der das Bild *Foto34.jpg* auf deiner Webseite anzeigt. Das Bild ist 400 Pixel hoch und 600 Pixel breit.
2. Füge dem Bild aus der letzten Übung einen Alternativtext hinzu.
3. Erstelle eine Seite, die ein Video abspielt. Es soll automatisch starten, der Besucher soll es aber anhalten und neu starten können.
4. Erstelle einen Inline-Frame, der 400 x 400 Pixel groß ist, und lasse da die Datei *test.html* hineinladen.

5

Cooler Look für deine Seite: CSS

Ein bisschen CSS hast du bereits am Anfang dieses Buches kennengelernt. Doch CSS kann viel mehr, du kannst das komplette Aussehen deiner Webseite damit verändern. Und wenn du möchtest, sogar, indem du nur eine einzige Datei veränderst.

- Die Grundlagen von CSS
- CSS im HTML-Quelltext
- CSS in einer eigenen Datei
- Text mit CSS formatieren
- Abstände im Text
- Text ausrichten
- Designtipps

Was ist CSS?

Das hast du ja schon erfahren, CSS bedeutet Cascading Stylesheets. Also kurz, CSS ist nichts anderes als eine Formatvorlage, so wie du sie auch aus deiner Textverarbeitung kennst.

Du musst also nicht programmieren, sondern du sagst einfach, nur dieses oder jenes HTML-Element soll so oder so aussehen. Und das machst du in einer anderen Sprache, nämlich in CSS. Bestimmt erinnerst du dich, wie du mithilfe von CSS die Überschrift farbig gemacht hast. Das war doch ganz einfach!

Cascading Stylesheets sind nichts anderes als Formatvorlagen für deine Webseite. In HTML 5 ist festgelegt, dass du das Design deiner Webseite mit CSS festlegen sollst.

In diesem Beispiel wurde eine CSS-Regel direkt im HTML-Quelltext einem Tag zugewiesen. Das war die einfachste Möglichkeit, CSS einzusetzen. Du kannst dir jedoch vorstellen, was passiert, wenn du einen sehr langen HTML-Quelltext hast. Der ganze Quelltext wird wesentlich unübersichtlicher.

Und stelle dir einmal vor, deine Website besteht aus einer ganzen Reihe von einzelnen Seiten. Möchtest du nun die Überschrift von Rot in Blau ändern, musst du an allen HTML-Quelltexten etwas ändern. Schnell ist da etwas übersehen und die lange Suche durch unübersichtliche Quelltexte geht los.

Am besten lass uns gleich anfangen. Doch bevor es losgehen kann, musst du leider ein wenig Theorie durcharbeiten. Aber wirklich nur wenig!

CSS-Grundlagen

Schau dir noch mal das Beispiel aus Kapitel 3 mit der farbigen Überschrift an.

```
<h1 style="color:red"> Ebene 1 </h1>
```

Durch das HTML-Attribut `style` wurde die *CSS-Regel* `color:red` in den Quelltext integriert.

Ein paar Fachbegriffe

Gerade hast du den ersten CSS-Fachbegriff kennengelernt: *CSS-Regel.* So nennt man eine Definition in CSS, also zum Beispiel: »Mache diesen Text rot.«

Ich habe auch schon den Begriff *Schlüsselwort* erwähnt. Das ist der eigentliche *CSS-Befehl* und wird auch *Eigenschaft* genannt. In unserem Beispiel ist es `color`.

Auch den Begriff *Wert* habe ich schon verwendet. Der Wert muss immer zusammen mit dem Schlüsselwort verwendet werden. Bei uns ist red der Wert.

Wie CSS mit HTML zusammenkommt

Es gibt drei Arten, Cascading Stylesheets einer HTML-Datei zuzuweisen. Die Variante über das Attribut style kennst du bereits.

Stylesheets in HTML-Seiten solltest du nur bei einzelnen Seiten, die einen kurzen Quelltext haben, verwenden. Sonst wird es unübersichtlich.

Das eingebettete Stylesheet

Es gibt eine weitere Möglichkeit, CSS direkt innerhalb einer Webseite zu definieren. Diese Möglichkeit ist wesentlich übersichtlicher als die Verwendung des Attributs style. Du kannst sie gut bei langen Quelltexten verwenden, wenn deine Webseite wirklich nur aus einer Seite besteht.

Dazu wird die komplette CSS-Definition in den Kopf der HTML-Seite zwischen die Tags <head> und </head> geschrieben. Dafür gibt es extra ein weiteres Tag-Paar. Zwischen den Tags <style> und </style> steht dann die CSS-Definition. Am besten siehst du dir mal das folgende Beispiel an:

```
<!DOCTYPE html>
<html>
<head>
<title>Die sechs Ebenen</title>

<style type="text/css">
h1 {color:red}
h2 { font-family:arial}
h3 { font-size:24px}
</style>

</head>
<body>
```

```
<h1> Ebene 1 </h1>
<h2> Ebene 2 </h2>
<h3> Ebene 3 </h3>
<h4> Ebene 4 </h4>
<h5> Ebene 5 </h5>
<h6> Ebene 6 </h6>
</body>
</html>
```

Du siehst sofort die Trennung zwischen dem CSS-Bereich und dem HTML-Bereich im Quelltext. Jeder Teil für sich ist übersichtlich.

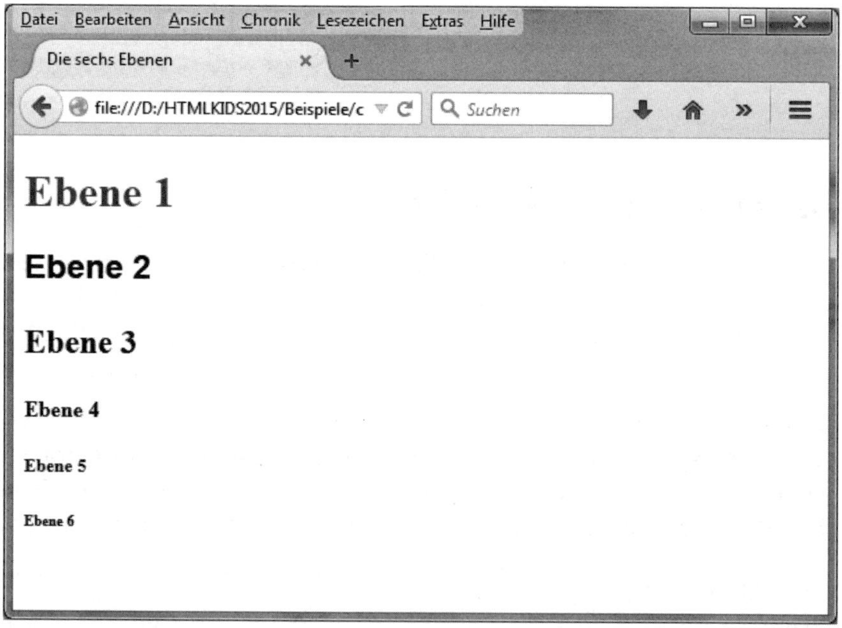

Ein eingebettetes Stylesheet

Nachdem du das Beispiel unter dem Namen *cssein1.html* gespeichert und in den Webbrowser geladen hast, solltest du das Gleiche sehen wie in der Abbildung. Kommt es dir bekannt vor? Richtig, du hast es in Kapitel 3 schon einmal gesehen. Doch dort sah der Quelltext so aus:

```
<!DOCTYPE html>
<html>
<head>
<title>Die sechs Ebenen</title>
</head>
```

```
<body>
<h1 style="color:red"> Ebene 1 </h1>
<h2 style="font-family:arial"> Ebene 2 </h2>
<h3 style="font-size:24px"> Ebene 3 </h3>
<h4> Ebene 4 </h4>
<h5> Ebene 5 </h5>
<h6> Ebene 6 </h6>
</body>
</html>
```

Hier waren CSS und HTML nicht getrennt.

Doch zurück zu unserem aktuellen Quelltext. Was passiert da eigentlich?

```
<style type="text/css">
h1 {color:red}
h2 { font-family:arial}
h3 { font-size:24px}
</style>
```

Zuerst siehst du das Tag `style`, ihm ist das Attribut `type` zugeordnet. In den Anführungsstrichen steht `text/css` und du musst das unbedingt mit angeben.

Gib beim Tag `style` immer das Attribut `type` mit an. Es gibt auch noch andere Stylesheets als CSS, und `type="text/css"` sagt dem Browser, dass es ein CSS-Stylesheet ist. Nur noch erwähnt, die anderen Stylesheets spielen bei Webseiten keine Rolle, deshalb gehe ich nicht weiter darauf ein. Merke dir einfach, immer `<style type="text/css">` zu schreiben.

Und jetzt wird es interessant, denn das ist die eigentliche CSS-Definition. Hier wird der Name des Tags angegeben und dann folgt in den geschweiften Klammern ({})die CSS-Regel. Was die bedeutet, weißt du ja schon.

Die geschweiften Klammern findest du auf deiner Tastatur, indem du `AltGr` und `7` für die geöffnete Klammer ({) drückst. Die geschlossene Klammer (}) erhältst du durch Drücken von `AltGr` und `0`.

Das externe Stylesheet

Jetzt kommen wir zur Variante für Profis, und da diese Variante auch nicht schwieriger ist, empfehle ich dir, diese zu verwenden.

Hierbei hast du deinen HTML-Quelltext in einer Datei, eine zweite Datei enthält den Quelltext für CSS.

> Auch CSS-Dateien kannst du mit dem Editor erstellen. Tippe einfach den CSS-Quelltext in den Editor. Beim Abspeichern gibst du jedoch nicht die Endung *html* ein, sondern *css*. Das ist alles, so einfach erstellst du eine CSS-Datei.

Nimm das letzte Beispiel und füge im Header Folgendes hinzu:

```
<link rel="stylesheet" type="text/css" href="cssein1.css">
```

Du siehst ein neues Tag mit dem Namen `link`. Es wird einzeln eingesetzt, es gibt kein schließendes Tag `</link>`. Übernimm die Attribute `rel` und `type` immer so, wie sie sind. Für die Einbindung von CSS musst du immer `rel="stylesheet"` und `type="text/css"` angeben.

Und das Attribut `href` gibt an, wo die CSS-Datei ist, die geladen werden soll. Du wirst diesem Attribut noch mal im Kapitel über Hyperlinks begegnen.

Wir sind aber noch nicht ganz fertig. Da die CSS-Datei nun aus einer eigenen Datei geladen wird, musst du die Definition noch aus dem Quelltext löschen. Lösche also die folgenden Zeilen:

```
<style type="text/css">
h1 {color:red}
h2 { font-family:arial}
h3 { font-size:24px}
</style>
```

Nun hast du folgenden Quelltext, den du unter dem Namen *cssein2.html* abspeicherst.

```
<!DOCTYPE html>
<html>
<head>
<title>Die sechs Ebenen</title>
<link rel="stylesheet" type="text/css" href="cssein1.css">
</head>
```

```
<body>
<h1> Ebene 1 </h1>
<h2> Ebene 2 </h2>
<h3> Ebene 3 </h3>
<h4> Ebene 4 </h4>
<h5> Ebene 5 </h5>
<h6> Ebene 6 </h6>
</body>
</html>
```

Du hast jetzt wieder schön sauberen HTML-Code, alle CSS-Befehle werden in einer gesonderten Datei definiert.

Wenn Du CSS über eine externe Datei einbindest, hast du auch bei Suchmaschinen, wie z.B. Google, einen Vorteil. Je weniger Quelltext um den Inhalt herum ist, umso wichtiger stuft Google den ein.

Doch du brauchst jetzt noch die CSS-Datei, die geladen werden soll.

Öffne den Editor und gibt den folgenden Text ein:

```
h1 {color:red}
h2 { font-family:arial}
h3 { font-size:24px}
```

Dann speichere die Datei unter dem Namen *cssein1.css* ab. Es ist wichtig, dass du sie im selben Verzeichnis wie die HTML-Datei abspeicherst, denn wir haben keine Pfadangaben definiert.

Und nun öffne die Datei *cssein2.html* mit deinem Browser. Was siehst du? Wenn du alles richtig gemacht hast, sieht es genauso aus wie im letzten Beispiel.

Die Vorteile von CSS

Der Einsatz von CSS bringt einige Vorteile mit sich. Wenn du eine einzelne HTML-Seite erstellst, dann hast du nicht viel davon, doch meistens besteht eine Website ja aus mehreren Seiten. Und dann kommen die Vorteile voll zum Tragen:

- Suchmaschinenfreundlichkeit
- Einfache Änderungen

- ◇ Schlanke Quelltexte für den Inhalt
- ◇ Trennung von Inhalt und Design

Das Design mehrerer Seiten ändern

Wenn du mehrere zusammenhängende Seiten hast, sollten alle ähnlich aussehen. Also das Schriftbild, die Farben usw. Wenn du nun ein externes Stylesheet verwendest, ist das ganz einfach, denn auf allen Seiten kannst du das gleiche Stylesheet verwenden.

Die HTML-Datei ist für den Inhalt zuständig und die CSS-Datei bestimmt das Aussehen der Seite. Eine CSS-Datei für alle Seiten deiner Website reicht völlig aus.

Möchtest du nun etwas am Aussehen der Seite ändern, dann änderst du einfach nur die CSS-Datei und alle HTML-Seiten erhalten automatisch das gewünschte Aussehen. Das ist doch wirklich praktisch! Und dabei ist völlig egal, ob du 5, 20 oder sogar 100 Seiten hast!

Textformate mit CSS

So, die Theorie hast du nun hinter dir, gleich lernst du noch ein paar Möglichkeiten der Textformatierung kennen, damit dein Text auch richtig stilvoll wird.

Rund um Textformatierung

Über den Einsatz von Schriftarten und -größen weißt du schon etwas und genau das vertiefen wir jetzt. Es ist ganz einfach und auch schnell erklärt, doch das sind die Grundfunktionen, die am häufigsten verwendet werden.

Farbe, Schriftarten & Schriftgrößen

Diese Möglichkeiten hast du bereits im Kapitel über Text kennengelernt. Dort wurden sie vorgestellt und auch im ersten Beispiel zu einer externen CSS-Datei am Anfang dieses Kapitels verwendet. Deshalb liste ich sie hier nur noch kurz auf:

- Das Schlüsselwort `color` legt die Farbe fest.
- Das Schlüsselwort `font-family` legt die Schriftart fest.
- Das Schlüsselwort `font-size` legt die Schriftgröße fest.

Doch du kannst noch einiges mehr mit deinem Text anstellen, um ihn anders anzeigen zu lassen.

Schriftstil

Du kannst den Schriftstil ändern, also festlegen, ob der Text z.B. kursiv angezeigt wird. Das machst du über das Schlüsselwort `font-style`. Das folgende Beispiel lässt den Text, der dem Tag `span` zugeordnet ist, kursiv erscheinen.

```
span
{
font-style: italic
}
```

Das Schlüsselwort `font-style` kann drei Werte haben:

- `italic` – die Schrift wird kursiv angezeigt.
- `oblique` – die Schrift wird ebenfalls kursiv angezeigt.
- `normal` – Schrift, so wie HTML den Text anzeigt.

Wie du siehst, kannst du so auch Text kursiv anzeigen lassen, den du nicht über das HTML-Tag `<i>` entsprechend markiert hast.

Schriftvarianten

Manchmal kann es auch interessant sein, *Kapitälchen* zu verwenden.

Kapitälchen sind große Buchstaben in etwas kleiner Schrift. So kannst du z.B. bestimmte Textstellen oder Wörter markieren. Das kann sehr interessant aussehen. Im nächsten Beispiel wirst du es sehen.

Dazu dient das Schlüsselwort `font-variant`, das zwei mögliche Werte hat:

- `small-caps` – erzeugt Kapitälchen
- `normal` – Schrift, so wie HTML den Text anzeigt

Die Schreibweise in den Beispielen muss nicht sein. Du könntest alles in eine Zeile schreiben. Doch es ist viel übersichtlicher, vor allem, wenn deine CSS-Quelltexte länger werden.

Das Beispiel bewirkt, dass der Inhalt des Tags `span` in Kapitälchen angezeigt wird.

```
span
{
font-variant: small-caps
}
```

Schriftstärke

Unter einer Schriftstärke versteht man zum Beispiel fetten Text, der sich von der normalen Schrift absetzt. Der fette Text wäre eine Schriftstärke und der normale Text ebenfalls eine. CSS bietet dir hier fünf Abstufungen der Schriftstärke an.

Du kannst deine gewünschte Schriftstärke durch das CSS-Schlüsselwort `font-weight` festlegen.

```
p
{
font-weight: bold
}
```

Das Beispiel lässt den Text, der durch das Tag `p` markiert ist, fett anzeigen. Du hast die folgenden Möglichkeiten, um die Schriftstärke zu definieren:

- `lighter` – sehr dünne Schriftdarstellung
- `light` – dünne Schriftdarstellung
- `normal` – normale Schriftdarstellung
- `bold` – fette Schriftdarstellung
- `bolder` – sehr fette Schriftdarstellung

Das ist eine sehr einfache Möglichkeit, um den Text mit bestimmten Schriftstärken anzeigen zu lassen.

> Wenn du es jedoch noch feiner abstimmen möchtest, dann kannst du auch Zahlenwerte verwenden. Es gibt dabei neun Werte, von 100 bis 900, jeweils die vollen Hunderter. Der Wert 100 stellt die dünnste Schrift und der Wert 900 die dickste Schrift dar.

Du hast doch jetzt bestimmt Lust, das gleich mal auszuprobieren. Wir fangen mit dem HTML-Dokument an.

Tippe den Quelltext in den Editor und speichere ihn mit dem Namen *cssein3.html* ab.

```
<head>
<title>Schrift</title>
<link rel="stylesheet" type="text/css" href="cssein2.css">
</head>
<body>
<h1> Texte formatieren </h1>
<P> Dies ist der <span>erste Absatz</span> </p>
<div> Dies ist der zweite Absatz </div>
<p>Dies ist der dritte Absatz </p>
<q> Und hier eine Zeile als Zitat markiert </q>
</body>
</html>
```

Nun brauchst du noch die CSS-Datei mit dem Namen *cssein2.css*. Tippe dazu den CSS-Quelltext ab und speichere ihn ab.

```
h1
{
font-family:arial; color:red
}
p
{
font-family:arial
}
span
{
font-variant: small-caps
}
div
```

```
{
font-family:arial; font-weight:bold
}
q
{
font-family:courier; font-style: oblique
}
```

Jetzt lade die Datei *cssein3.html* in deinem Browser. Die zugehörige CSS-Datei wird durch das Tag link automatisch mitgeladen. Und erkennst du sofort, welche Formatierung was gemacht hat?

Verschiedene Schriftformatierungen

Verschachtelte Tags

Bisher hatten wir hier noch keinen langen Text als Beispiel. Aber wenn du eine Webseite mit viel Text erstellst, dann kann es vorkommen, dass die bisher gezeigten Möglichkeiten nicht ausreichen.

Stelle dir mal vor, dass du das Tag span in normalen Absätzen innerhalb des Tags p in Kapitälchen anzeigen lassen möchtest. Aber auch in einem langen Zitat möchtest du etwas mit dem Tag span definieren, z.B. fetten Text. In diesem Fall reicht es nicht aus, die CSS-Definition für span zu erstellen, denn dann würde es an allen Stellen in Kapitälchen angezeigt.

CSS-Definitionen werden auch Stilvorgaben genannt.

Hier werden spezielle CSS-Definitionen für verschachtelte Tags benötigt. Die Definition ist genau dann gültig, wenn diese Verschachtelung zutrifft. Ich zeige dir das mal an einem Beispiel.

```
h1
{
font-family:arial; color:red
}
p
{
font-family:arial
}
p span
{
font-variant: small-caps
}
q span
{
font-family:courier; font-weight: bolder
}
```

Tippe einfach das Beispiel ab und speichere es unter dem Namen *cssein3.css* ab.

Jetzt brauchen wir natürlich auch noch einen passenden HTML-Quelltext. Dazu änderst du jetzt den aus dem letzten Beispiel ab und speicherst ihn dann als *cssein4.html* ab.

```
<head>
<title>Schrift</title>
<link rel="stylesheet" type="text/css" href="cssein3.css">
</head>
<body>
<h1> Texte formatieren </h1>
<P> Dies ist der <span>erste Absatz</span> </p>
<div> Dies ist der zweite Absatz </div>
<p>Dies ist der dritte Absatz </p>
```

```
<q> Und hier eine Zeile als <span>Zitat</span> markiert </q>
</body>
</html>
```

Vergiss nicht, auch beim Tag `link` die zu ladende CSS-Datei in *cssein3.css* zu ändern.

Hast du beide Dateien abgespeichert, dann lade die HTML-Datei im Browser.

Verschachtelte Tags im Einsatz

Im CSS-Quelltext hast du zweimal das Tag span definiert. Einmal zusammen mit dem Tag p und einmal mit dem Tag q.

Die CSS-Definition für p span gilt nur für das Tag span, wenn es innerhalb des Tags p eingesetzt wird, und genauso bei q span. Hier muss das Tag span innerhalb des Tags q eingesetzt werden, damit der Text entsprechend formatiert wird.

Dekoration für deinen Text

Bei all den Textformaten, die du bisher kennengelernt hast, fehlt doch etwas: unterstrichener Text. Das ist immer wieder eine gute Möglichkeit, bestimmte Textstellen besonders hervorzuheben. Nicht so häufig wirst du durchgestrichenen Text oder einen Strich über dem Text brauchen. Doch es gibt hier ein CSS-Schlüsselwort, mit dem du all das machen kannst.

Wenn's jetzt hier um Striche geht, warum steht dann in der Überschrift Dekoration für den Text? Ganz einfach, denn das Schlüsselwort, um das es hier geht, heißt `text-decoration`, auf Deutsch: Textdekoration.

Inzwischen bist du ja schon ein wenig erfahren im Umgang mit CSS, also zeige ich dir gleich ein Beispiel.

```
h1
{
font-family:arial; color:red
}
p
{
font-family:arial
}
p span
{
text-decoration:underline
}
q span
{
font-family:courier; text-decoration:line-through
}
```

Im Beispiel sind die Formatierungen für die beiden Tags `span` geändert, einmal unterstrichen und einmal durchgestrichen. Tippe diesen Quelltext an und speichere ihn mit dem Namen *cssein4.css* ab.

Diese CSS-Definition soll auf das letzte HTML-Beispiel angewendet werden (*cssein4.html*). Doch trotzdem musst du dort etwas ändern. Du musst den Dateinamen beim Tag `link` austauschen. Ändere den Namen im Quelltext in *cssein4.css*.

```
<link rel="stylesheet" type="text/css" href="cssein4.css">
```

Du hättest natürlich auch nur die Änderungen am CSS-Quelltext vornehmen können und dann die Änderungen ohne Namensänderung abspeichern können. So hättest du nichts am HTML-Quelltext ändern müssen.

Wenn du alle Änderungen vorgenommen und gespeichert hast, lade die HTML-Datei in deinen Browser.

Unterstrichen und durchgestrichen

Das Schlüsselwort `text-decoration` kann einen der folgenden vier Werte haben:

- `underline` – unterstrichener Text
- `overline` – Strich über dem Text
- `line-through` – durchgestrichener Text
- `none` – unveränderter Text

Textdesign

Du kannst deine Webseite nun schon richtig toll formatieren. Überschriften, verschiedene Schriftarten und -größen sowie der Einsatz von Farben ermöglichen dir, deinen Text genau so zu gestalten, wie du es dir wünschst.

Doch richtig perfekt ist es noch nicht, was ist denn mit Text, der in der Mitte einer Zeile steht? Also zentrierter Text. Was ist, wenn du den Zeilenabstand im Text ändern möchtest? Du ahnst es sicher schon, auch das kannst du mit CSS machen.

Abstand halten

Zeilenhöhe

Wenn du die Zeilenhöhe veränderst, dann wird der Abstand zwischen den einzelnen Zeilen größer. Durch eine Vergrößerung des Abstandes erhöht sich die Lesbarkeit von Text, oder manchmal ist es auch aus Gründen der Ästhetik gewünscht.

Wenn die Zeilenhöhe verändert wird, ändert sich die Textgröße, also die Größe der einzelnen Buchstaben **nicht**. So wirkt der ganze Text aufgelockerter.

Du kannst die Zeilenhöhe über das Schlüsselwort `line-height` festlegen. Dabei gibst du einfach als Wert eine Zahl an. So bedeutet z.B. 1,5 dabei, dass der Zeilenabstand 1,5-mal so hoch ist wie im Standardfall.

Beachte, dass Kommazahlen nicht im Deutschen üblich mit Komma geschrieben werden, sondern mit einem Punkt anstelle des Kommas. Du schreibst im Quelltext also nicht `1,5`, sondern `1.5`.

Ein kurzes Beispiel zeigt dir den Einsatz:

```
p
{
line-height:1.5
}
```

In diesem Fall beträgt die Zeilenhöhe 1,5. Betrachte die Abbildung, dort siehst du deutlich den Unterschied. Der erste Abschnitt hat die normale Zeilenhöhe, der zweite eine Zeilenhöhe von 2.

Die Zeilenhöhe hat nur Einfluss auf die Anzeige, wenn der Text über mehrere Zeilen hinweg angezeigt wird.

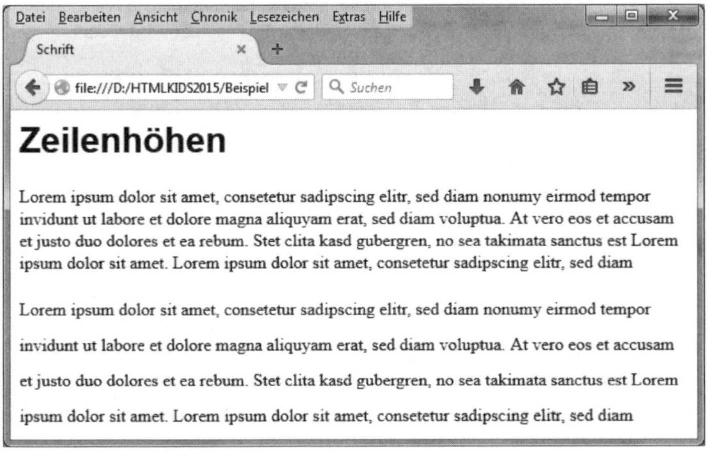

Zweimal der gleiche Text mit unterschiedlichen Zeilenhöhen

Deutlich siehst du hier, wie sich die Zeilenhöhe auf die Erscheinung des Textes auswirkt.

Abstände zwischen Wörtern

Auch die Abstände zwischen den einzelnen Wörtern lassen sich verändern. Auch hier kannst du so den Text leichter lesbar machen oder einfach gefälliger wirken lassen.

Das Schlüsselwort `word-spacing` dient dazu, den Abstand zwischen den einzelnen Wörtern eines Abschnitts festzulegen. Hier werden in der Regel nur kleine Veränderungen gemacht, und so ist es sinnvoll, den Wert in Punkt (pt) anzugeben. Das könnte dann so aussehen:

```
p
{
word-spacing:10pt
}
```

Die Abbildung zeigt dir wieder zweimal den gleichen Text, einmal mit einem Abstand von *5 pt* und einmal von *15 pt*. Es ist doch schon erstaunlich, was das ausmacht!

Zweimal der gleiche Text mit unterschiedlichen Wortabständen

Abstände zwischen Buchstaben

Auch die Abstände zwischen den einzelnen Buchstaben lassen sich verändern. Diese Möglichkeit wirst du sicher nur selten auf ganze Abschnitte anwenden, sondern eher auf einzelne Wörter. Nur kleine Veränderungen können den Text schöner aussehen lassen; doch schnell ist er dadurch schlechter lesbar.

Die Abstände zwischen den Buchstaben kannst du durch Einsatz des Schlüsselworts `letter-spacing` verändern. Auch hier werden in der Regel nur kleine Veränderungen gemacht, deshalb ist es wieder sinnvoll, den Wert in Punkt (pt) anzugeben. Ein Beispiel könnte so aussehen:

```
span
{
letter-spacing:4pt
}
```

Die Abbildung zeigt dir wieder zweimal den gleichen Text. Im oberen Abschnitt sind nur zwei Wörter mit dem Tag span markiert. Diese werden hervorgehoben, aber der Text ist gut lesbar.

Der untere Abschnitt ist komplett mit einem Abstand der einzelnen Buchstaben von *4pt* markiert. Hier ist es fast unmöglich, noch einzelne Wörter zu erkennen.

Der gleiche Text mit unterschiedlichen Abständen zwischen den Buchstaben

Den Text ausrichten

Du kannst deinen Text auch ausrichten. Du kannst ihn zentrieren, also in die Mitte einer Zeile setzen und am linken oder rechten Rand positionieren. In diesen Fällen spricht man von der *horizontalen Ausrichtung*. Dann gibt es noch die *vertikale Ausrichtung*, die es dir erlaubt, deinen Text in der Höhe auszurichten. Und zu guter Letzt kannst du Text auch noch eingerückt anzeigen lassen.

Text horizontal ausrichten

Um deinen Text horizontal auszurichten, verwendest du das Schlüsselwort `text-align`. Wie es eingesetzt wird, siehst du im Beispiel.

```
p
{
text-align:center
}
```

In der Abbildung ist die Überschrift zentriert markiert, eine Textzeile links und eine rechts. Die Ausrichtung bezieht sich dabei immer auf die Ränder des Browserfensters.

Horizontal ausgerichteter Text

Das Schlüsselwort `text-align` kann folgende Werte erhalten:

- `left` – Der Text ist links ausgerichtet.
- `right` – Der Text ist rechts ausgerichtet.
- `center` – Der Text ist zentriert.
- `justify` – Der Text wird im Blocksatz angezeigt.

Text vertikal ausrichten

Um deinen Text vertikal auszurichten, verwendest du das Schlüsselwort `vertical-align`. Das Beispiel zeigt dir, wie es eingesetzt wird.

```
p
{
vertical-align:center
}
```

Achtung, die Ausrichtung durch das Schlüsselwort `vertical-align` bezieht sich nicht auf das Browserfenster, sondern dass innerhalb des Tags ausgerichtet wird. So wird er dann z.B. innerhalb der Zeilenhöhe ausgerichtet.

Das Schlüsselwort `vertical-align` kann die folgenden acht Werte erhalten:

- `bottom` – unten ausgerichtet
- `top` – oben ausgerichtet
- `baseline` – an der Basislinie ausgerichtet
- `middle` – mittig zentriert
- `super` – etwas höher ausgerichtet
- `sub` – etwas tiefer ausgerichtet
- `text-bottom` – am unteren Textrand ausgerichtet
- `text-top` – am oberen Textrand ausgerichtet

Bezugspunkt ist immer die Basislinie des Textes, also die Normalposition des Textes ohne Formatierung. Einen Unterschied wirst du nur feststellen, wenn du z.B. die Zeilenhöhe vergrößert hast.

Text einrücken

Eingerückter Text kann Text schön strukturieren. Der ganze Text wirkt oft viel lockerer, wenn manche Textstellen eingerückt sind. Du kannst mit CSS die Größe des Einzugs punktgenau festlegen. Dies machst du mit dem Schlüsselwort `text-indent`. Das Beispiel rückt den Text um 20 Punkt ein.

```
div
{
text-indent:20pt
}
```

Der Text wird dabei immer in der ersten Zeile des Absatzes eingerückt. In der Abbildung besteht der Text aus zwei Absätzen, die jeweils vom Tag `div` umschlossen sind. Bei beiden ist die erste Zeile eingerückt. Das sieht doch gut aus, oder was meinst du?

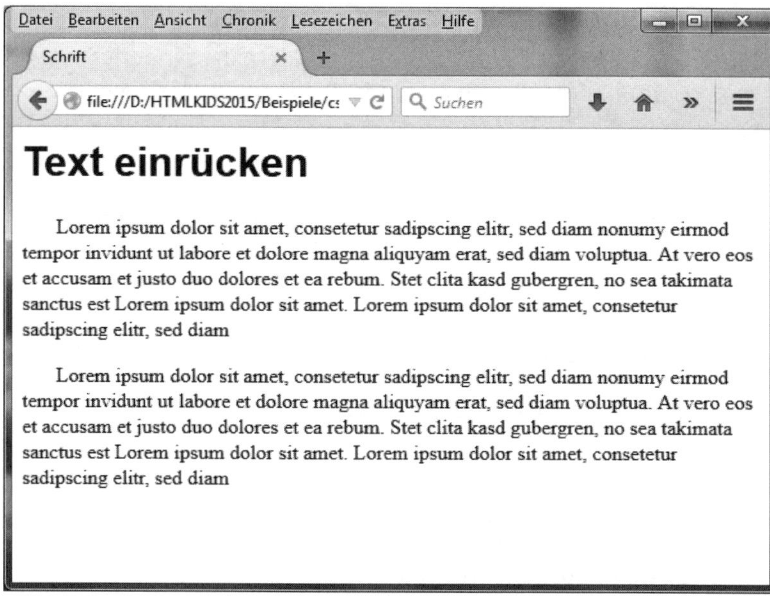

Eingerückter Text

Wann sieht ein Text für den Betrachter gut aus?

Jetzt hast du schon so viele Möglichkeiten gesehen, den Text bunter und in völlig verschiedenen Schriften anzeigen zu lassen. Das verleitet dazu, alles Gelernte auf einer Seite anzuwenden.

Doch gut aussehende Texte haben einfache Schriftarten, Farbe dient dazu, bestimmte Stellen zu markieren, und ein Text, der aus unterschiedlich großen Wörtern besteht, ist schlecht lesbar.

Verwende für einen Text immer die gleiche Schriftart. Ändere die Größen im Text nur bei Überschriften. Und achte darauf, dass die Schriftfarbe auf deinem Seitenhintergrund gut sichtbar ist.

Achte doch mal darauf, wenn du im Internet surfst, die Webseiten, die am besten zu lesen sind, haben wenige, aber effektive Schriftformate eingesetzt. Und diese Seiten sind nicht nur gut lesbar, sondern sie gefallen den meisten Menschen auch besser. Zu viele Schriftformate wirken nicht gut.

Zusammenfassung

Jetzt kennst du schon die Grundlagen von CSS und kannst deinen Text schon richtig durchstylen. Du bist bestimmt erstaunt, wie einfach das alles ist.

- Stylesheets lassen sich direkt im HTML-Quelltext definieren oder in einer eigenen Datei.
- Mit dem Tag `link` kannst du eine CSS-Datei in ein HTML-Dokument einbinden.
- Du kannst nun die Schrift deines Textes auf alle möglichen Arten formatieren, genau so, wie du es dir vorstellst.
- Es gibt auch einige Schlüsselwörter für das Schriftbild (Abstände und Ausrichtung des Textes).

Ein paar Fragen ...

1. Wie bindest du eine externe CSS-Datei mit dem Namen *test.css* in einen HTML-Quelltext ein?
2. Welches Tag erlaubt es, die CSS-Definition direkt in den HTML-Quelltext zu schreiben?
3. Was kannst du mit dem CSS-Schlüsselwort für Schriftstile machen und wie heißt es?
4. Wie kannst du die Schriftstärke festlegen? Welche Werte kannst du verwenden?
5. Wie legst du den Abstand zwischen zwei Wörtern fest?
6. Wie kannst du Text zentriert ausrichten?
7. Wie kannst du Text als Blocksatz anzeigen lassen?

... und eine Aufgabe

Erstelle einen CSS-Quelltext, der folgende Definitionen enthält:

Alle Texte sollen in *Arial* und einer Schriftgröße von *14pt* angezeigt werden. Die Überschrift (Ebene 1) soll allerdings die Schriftgröße *30pt* haben. Absätze werden über das Tag p realisiert, aller Text im Tag span soll *kursiv* angezeigt werden. Text im Tag div soll *rot* dargestellt werden und Zitate in *fettem Text.*

6

Vernetz Dich – Hyperlinks

Wie du weißt, heißt HTML *Hypertext Markup Language*. Nach allem, was wir bisher in diesem Buch durchgenommen haben, könnte es auch TML also *Text Markup Language* heißen. Also mache aus dem Text einen Hypertext. Wie das geht? Mit Hyperlinks, kurz Links.

- Links innerhalb einer Webseite
- Links zu anderen Homepages
- Links für den Dateidownload
- Links für E-Mail
- Pseudoklassen für Links
- Bilder als Links

Die Autobahn zu anderen Seiten

Was wäre das Internet ohne Links? Ein Klick, und du bist sofort auf einer ganz anderen Webseite. Das ist schon beeindruckend genug, doch Links, die eigentlich *Hyperlinks* heißen, können noch viel mehr. Sie können dein E-Mail-Programm starten oder den Download einer Datei. Lass dich überraschen, wie einfach sich Links in deine Webseite einbinden lassen.

Was können Hyperlinks?

Was genau können Links denn nun? Hier mal eine kleine Auflistung von den Möglichkeiten, wohin du überall verlinken kannst.

Verlinkungen

- Die Zieladresse liegt innerhalb des Dokuments.
- Die Zieladresse ist ein anderes HTML-Dokument, das aber auf demselben Server liegt.
- Die Zieladresse ist irgendeine URL im World Wide Web (eine andere Webseite).
- Die Zieladresse ist eine E-Mail-Adresse.
- Die Zieladresse ist eine Newsgroup.
- Die Zieladresse ist eine Telnet-Adresse.
- Die Zieladresse ist eine Gopher-Adresse.
- Die Zieladresse ist eine beliebige Datei.

Manches davon wirst du nie einsetzen können, anderes ist dafür umso interessanter. Wenn du z.B. einen Link auf eine Datei setzt, also z.B. eine Word-Datei, dann öffnet sich automatisch die Textverarbeitung. Wenn du einen E-Mail-Link setzt, dann öffnet sich das E-Mail-Programm des Besuchers. Das ist doch fantastisch. Aber fangen wir von vorne an.

Links innerhalb der Webseite

Bisher kannst du nur eine einzelne Webseite erstellen. Meist möchte man aber eine Website erstellen, die aus mehreren einzelnen Seiten besteht.

> Ist dir aufgefallen, dass ich manchmal Webseite und manchmal Website schreibe? Das ist kein Schreibfehler. Eine Webseite ist eine einzelne Seite und eine Website sind alle zusammengehörenden Seiten auf einer Domain, also z.B. *www.kobert.de*.

Um eine ganze Website zu erstellen, musst du die Seiten natürlich auch verlinken, denn sonst finden deine Besucher nicht alle deine Inhalte. Und dazu brauchst du *interne Links*.

Das Tag für die Erstellung eines Links heißt `a` und du benötigst immer auch das Attribut `href`. Am besten zeige ich dir das an einem kleinen Beispiel.

```
<!DOCTYPE HTML>
<html>
<head>
<title> Hyperlinks </title>
</head>
<body>
<h2>Hyperlinks verbinden das Netz</h2>
<p>Links verbinden die einzelnen Seiten deiner Website miteinan-
der. </p>
<a href="seite2.html">Hier geht es zur Seite 2</a>
<p>Und hier kannst du einfach weiterschreiben.</p>
</body>
</html>
```

Wenn du den Text abgetippt hast, dann speichere ihn unter dem Namen *links1.html* ab. Lade die Datei dann in deinen Browser und du siehst eine Seite wie in der Abbildung. Der Text des Links, also »Hier geht es zur Seite 2«, ist blau.

Wenn du mit dem Mauszeiger darauf klickst, lädt die nächste Seite. Probiere es ruhig mal aus, allerdings gibt es diese Seite noch nicht, also wirst du eine Fehlermeldung erhalten.

Dein erster Link

Nun schauen wir uns mal an, was du überhaupt gemacht hast. Du hast bestimmt schon beim Eintippen gemerkt, was neu ist:

```
<a href="seite2.html">Hier geht es zur Seite 2</a>
```

Das Tag a sagt dem Browser: »Achtung, hier kommt ein Link.« Das Attribut href legt fest, welche Seite der Browser nun laden soll, wenn ein Besucher auf den Link klickt. Es ist wichtig, dass der Seitenname mit der Endung immer in Anführungszeichen steht. Merke dir also die Schreibweise gut und denke immer an das Gleichheitszeichen und die Anführungsstriche.

```
href="seite2.html"
```

Der Text, der zwischen den beiden Tags <a> und </a> steht, wird im Browser angezeigt. Diesen Text nennt man *Linktext* und normalerweise ist er blau und unterstrichen. Das kannst du aber mithilfe von CSS ändern, wie das geht, erfährst du weiter hinten in diesem Kapitel.

Auch mit HTML kannst du den Linktext verändern. Du kannst zwischen den Tags <a> und </a> alle anderen Tags zur Formatierung von Text verwenden. Wenn du den Linktext also auch fett und kursiv angezeigt bekommen möchtest, dann musst den Quelltext wie folgt abändern:

```
<!DOCTYPE HTML>
<html>
<head>
<title> Hyperlinks </title>
</head>
<body>
<h2>Hyperlinks verbinden das Netz</h2>
<p>Links verbinden die einzelnen Seiten deiner Website miteinan-
der. </p>
<a href="seite2.html"><b><i>Hier geht es zur Seite 2</i></b></a>
<p>Und hier kannst du einfach weiterschreiben.</p>
</body>
</html>
```

Im Browser wird der Linktext zwar immer noch blau und unterstrichen angezeigt, jetzt ist er aber auch fett und kursiv.

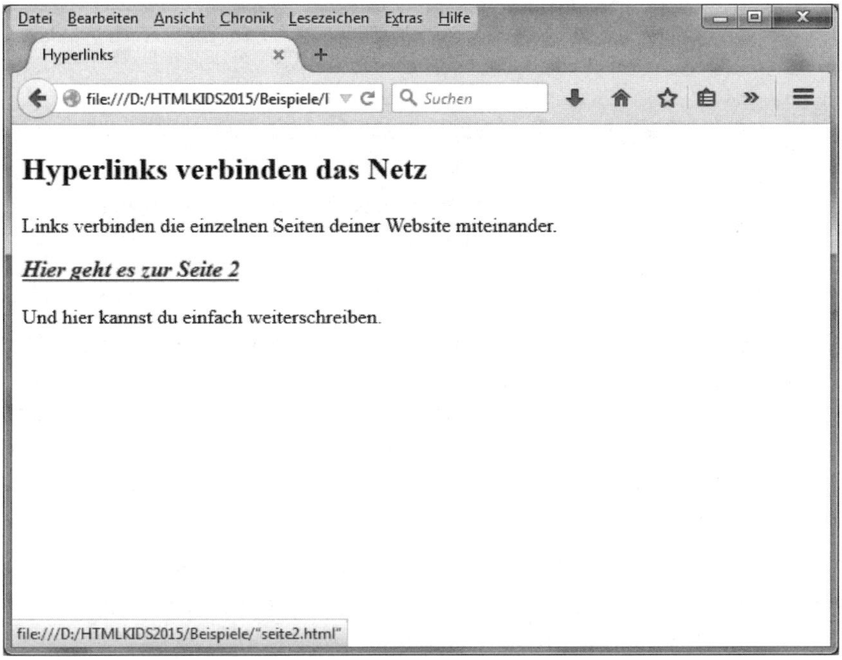

Die Seite mit fettem und kursivem Linktext

So kannst du alle einzelnen Seiten, die zu deiner Website gehören, miteinander verbinden.

Links zu fremden Webseiten

Aber was wäre das Internet, wenn nicht auch Webseiten von verschiedenen Leuten miteinander verlinkt wären? Gerade das macht viel von der Attraktivität des Internets aus.

Ganz klar, du brauchst auch *externe Links*, also Links auf fremde Webseiten. Das ist auch nichts wesentlich anderes. Die weiteren Links werden ein Kinderspiel für dich sein.

Du brauchst nur die Angaben beim Attribut `href` zu ändern! Im folgenden Beispiel habe ich einen zweiten Link in den Quelltext eingebaut. Er verweist auf meine Webseite.

```
<!DOCTYPE HTML>
<html>
<head>
<title> Hyperlinks </title>
</head>
<body>
```

```
<h2>Hyperlinks verbinden das Netz</h2>
<p>Links verbinden die einzelnen Seiten deiner Website miteinan-
der. </p>
<a href="seite2.html">Hier geht es zur Seite 2</a>
<p>Du kannst auch auf ganz andere Webseiten verlinken.</p>
<a href="http://www.kobert.de">Zur Webseite von Thomas Kobert</a>
</body>
</html>
```

Du siehst, es funktioniert genauso wie schon beim internen Link. Nur zwischen den Anführungszeichen sieht es etwas anders aus. Hier steht die Adresse meiner Webseite. Davor steht `http://`. Das ist das Protokoll und muss immer mit angegeben werden. Bei allen Links zu Webseiten lautet das Protokoll `http://`. Es gibt auch andere Protokolle, die lernst du noch kennen.

Nun speichere den Quelltext mit dem Namen *links2.html* ab und schau sie dir im Browser an. Wenn du alles richtig abgetippt hast, dann sieht es bei dir genauso aus wie in der Abbildung.

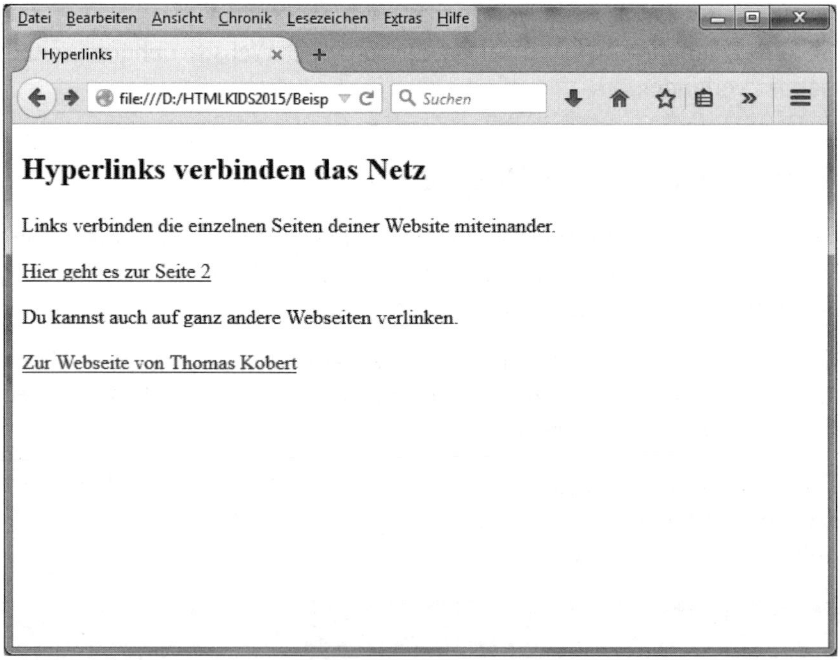

Deine Seite mit einem externen Link

≫ Bist du online? Wenn du jetzt eine Verbindung zum Internet hast, dann kannst du das gleich ausprobieren.

≫ Klicke einfach auf den Link und schon siehst du meine Homepage im Browser.

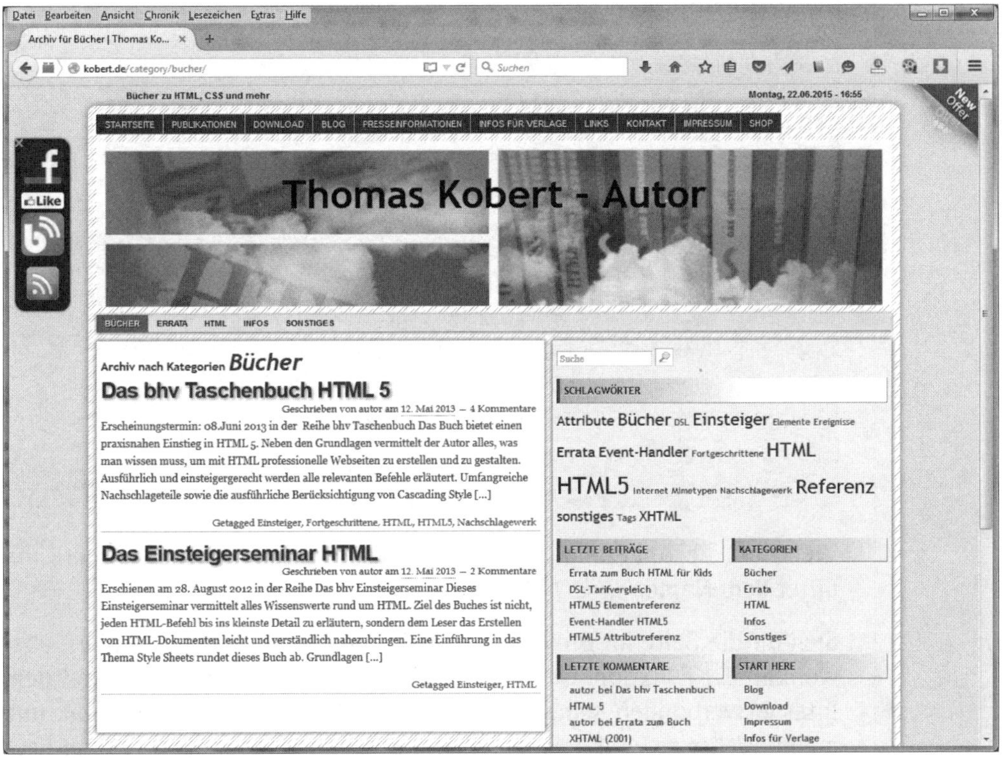

Meine Homepage, schau doch mal vorbei.

Links in ein neues Fenster

Nun kannst du die am meisten verwendeten Links erstellen. Doch ein Link wird immer in das gleiche Fenster geladen, in dem die ursprüngliche Seite war.

Vielleicht möchtest du das ja gar nicht, schließlich zieht das Besucher von deiner Seite weg zu anderen und zwei oder drei Links später ist deine Seite plötzlich ganz vergessen.

Du hast bestimmt beim Surfen im Internet schon gesehen, dass die neue Seite nicht im gleichen Fenster geladen wurde, sondern in einem neuen Fenster. Dadurch bleibt deine Seite geladen und es ist für den Besucher leichter, wieder bei dir zu landen. Wie das geht, zeige ich dir jetzt.

Um das umzusetzen, benötigen wir noch ein Attribut, es ist das Attribut `target`. Wie das eingesetzt wird, zeige ich dir an unserem Beispiel. Wir möchten, dass meine Webseite in einem neuen Fenster geladen wird, der Link innerhalb deiner Website bleibt unverändert.

```
<!DOCTYPE HTML>
<html>
<head>
<title> Hyperlinks </title>
</head>
<body>
<h2>Hyperlinks verbinden das Netz</h2>
<p>Links verbinden die einzelnen Seiten deiner Website miteinan-
der. </p>
<a href="seite2.html">Hier geht es zur Seite 2</a>
<p>Du kannst auch auf ganz andere Webseiten verlinken.</p>
<a href="http://www.kobert.de" target="_blank">
Zur Webseite von Thomas Kobert</a>
</body>
</html>
```

Wenn du die Änderung am Quelltext durchgeführt hast, speichere ihn unter dem Namen *links3.html* ab.

Sieh dir die Seite im Browser an. Optisch hat sich nichts verändert, aber wohl an der Funktion. Um das auszuprobieren, musst du wieder mit dem Internet verbunden sein. Bist du online? Dann klicke auf den Link und meine Webseite wird geladen, aber diesmal in einem neuen Fenster bzw. in einem neuen Tab.

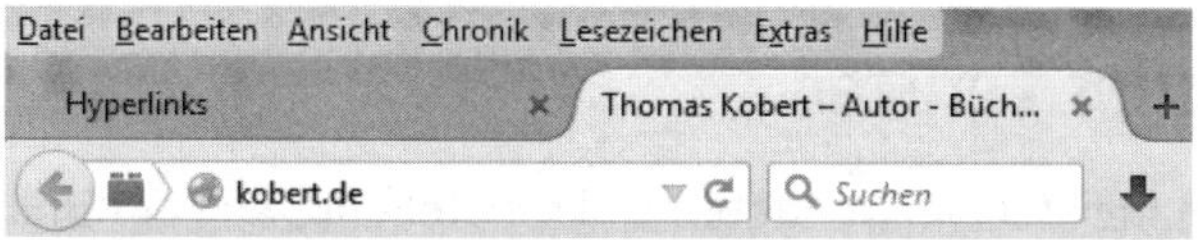

Hier siehst du oben die zwei Reiter der Tabs

Der Wert, den das Attribut `target` erhalten hat, heißt `_blank`. Mit diesem Wert wird der Link in einem neuen Fenster geöffnet.

> Beachte die Schreibweise der Werte beim Einsatz des Attributs `target`. Der Wert beginnt immer mit einem Unterstrich, also `_blank`. Weiter gibt es noch die Werte: `_parent`, `_self` und `_top`.

Die drei weiteren möglichen Werte werden so gut wie nie gebraucht, du brauchst sie dir also nicht zu merken.

Links zu Dateien

Interessant ist auch die Möglichkeit, Links zu Dateien zu setzen. Du hast das sicher schon im Internet gesehen, dass du auf einen Link klicken konntest, um eine Datei herunterzuladen. Auch das kannst du ganz einfach selber machen.

Du gibst dazu im Link keine Adresse einer Webseite an, sondern die Internetadresse der Datei. Schau dir mal das Beispiel an.

```
<!DOCTYPE HTML>
<html>
<head>
<title> Hyperlinks </title>
</head>
<body>
<h2>Link zu einer Datei</h2>
<p>Hier kannst du eine Datei herunterladen.</p>
<a href="ftp://ftp.kobert.de/test.gif">
Download</a>
</body>
</html>
```

Wenn du das Beispiel abgetippt hast, speichere es unter dem Namen *links4.html* ab.

Das Tag `a` wird auch hier wieder mit dem Attribut `href` verwendet. Lediglich die angegebene Internetadresse sieht völlig anders aus.

Internetprotokolle

Zunächst steht da anstelle `http` nun `ftp`. ftp ist der Name des Protokolls, es ist die Abkürzung für *File Transfer Protocol.*

> Das Protokoll `http` muss immer verwendet werden, wenn Links auf Webseiten gesetzt werden. Dies ist sicher bei Webseiten am häufigsten der Fall. `http` steht für *HyperText Transfer Protocol.*

Durch das Verwenden dieses Protokolls weiß der Browser, dass da eine Datei ist, die er herunterladen kann. So versucht er nicht, die Datei selber anzuzeigen. Das können z.B. PDF-Dateien, Word-Dateien oder Bilder sein.

Je nach den Einstellungen deines Computers öffnet sich beim Herunterladen einer Datei auch gleich das passende Programm, um die Datei anzuzeigen. Aber in jedem Fall wird die Datei auf deinen Computer heruntergeladen.

Weitere Links

Es gibt noch weitere Möglichkeiten, Links zu setzen, die allerdings nur noch selten benötigt werden. Dabei wird dann immer das entsprechende Protokoll angegeben. Weitere Protokolle neben `http` und `ftp` sind:

- `nntp` für Newsgroups
- `telnet` für den Dienst Telnet
- `gopher` für den Dienst Gopher

E-Mail-Links

Ein Protokoll habe ich oben noch nicht erwähnt, denn das verdient wieder einen eigenen kleinen Absatz in diesem Buch. Es ist das Protokoll `mailto`, mit dem du E-Mail-Links in deine Webseite einbauen kannst.

Bestimmt hast du schon oft auf Webseiten gesehen, dass ein Link *Kontakt* oder *Mail an mich* oder so ähnlich heißt. Meist wird das durch einen Link umgesetzt.

Es ist ja auch ganz praktisch, wenn du deinen Besuchern die Möglichkeit bietest, schnell mit dir in Kontakt treten zu können. Ich zeige dir das wieder mit einem Beispiel.

Wenn du das Beispiel unten abtippst, dann tausche die dort verwendete E-Mail-Adresse (test@wegwerfemail.de) gegen deine eigene aus. Dann kannst du die Funktion gleich ausprobieren.

```
<!DOCTYPE HTML>
<html>
<head>
<title> Hyperlinks </title>
</head>
<body>
<h2>E-Mail an mich</h2>
<p>Hier kannst du mir eine Mail schreiben.</p>
```

```
<a href="mailto:test@wegwerfmail.de">
E-Mail an mich</a>
</body>
</html>
```

Tippe das Beispiel ab und vergiss nicht, die E-Mail-Adresse auszutauschen. Speichere es mit dem Namen *links5.html* ab und öffne die Datei dann im Browser.

Wenn ein Besucher nun auf diesen Link klickt, dann startet automatisch das E-Mail-Programm und als Empfänger bist du schon eingetragen.

Klicke nun auf den Link und warte, was passiert. Wenn du ein E-Mail-Programm auf deinem Computer hast, startet es nun und es öffnet sich das Fenster für eine neue Mail.

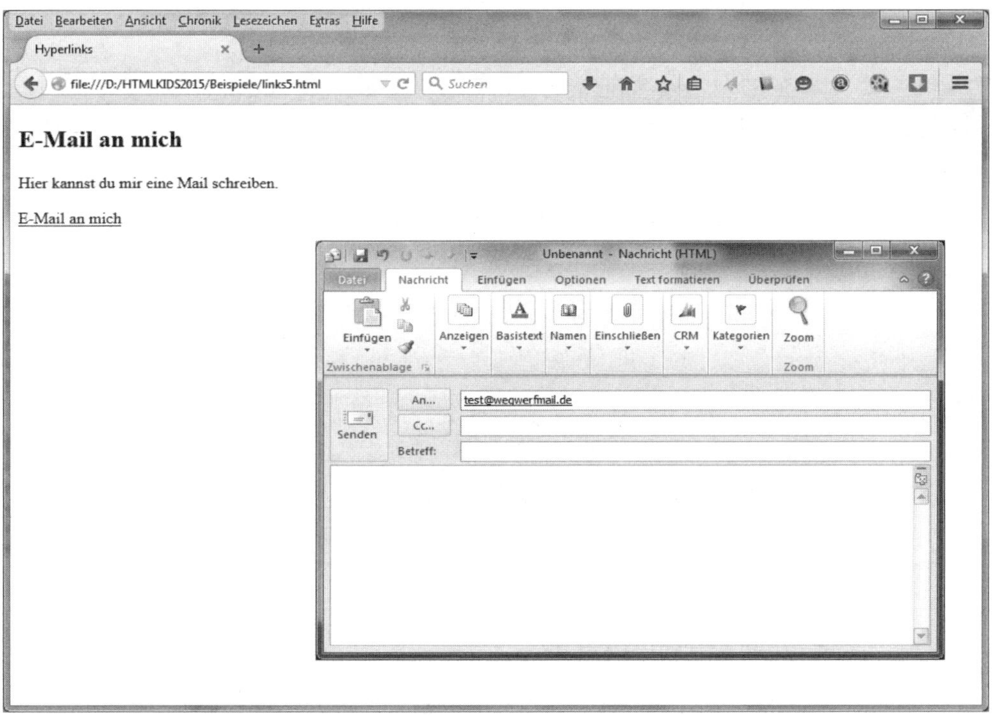

Die Testdatei links5.html im Browser mit geöffnetem E-Mail-Fenster

Bist du mit dem Internet verbunden? Gut! Dann kannst du es gleich ausprobieren. Schicke dir selber eine Mail. Zwei Minuten später sollte sie in deinem E-Mail-Posteingang sein. Das ist doch klasse, oder?

Links optisch pimpen

Das war auch schon das Wichtigste, das es zu Links im Zusammenhang mit HTML zu erwähnen gibt. Und damit kannst du auch schon eine Menge nützlicher Features in deine Webseite einbauen. Aber ist das nicht irgendwie langweilig? Die Links sehen ja immer blau aus und überhaupt ... Ich merke schon, du bist nicht wirklich zufrieden. Na gut, dann mache ich weiter!

Pseudoklassen für Hyperlinks

Mithilfe von CSS kannst du deine Links auch anders anzeigen lassen als immer nur in der Standard-Version.

Dabei kannst du festlegen, wie er aussieht, bevor er angeklickt wurde und nachdem er angeklickt wurde. Oder wie er aussehen soll, wenn man mit dem Mauszeiger darüber fährt. Diese Möglichkeit ist praktisch, um den Link noch mal besonders hervorzuheben, ohne das ganze Textdesign zu verunstalten.

Pseudoklassen sind spezielle CSS-Befehle, die einem HTML-Tag zugeordnet werden. So wird definiert, was bei bestimmten Aktionen passiert.

Im folgenden Beispiel eines CSS-Quelltextes siehst du den Einsatz von Pseudoklassen sehr schön.

```
a:link
{color: red; font-size: 15pt}
a:hover
{color: green; font-size: 15pt}
a:active
{color: yellow; font-size: 15pt}
a:visited
{color: blue; font-size: 15pt}
```

- Tippe den Quelltext ab.
- Speichere den Quelltext unter dem Dateinamen *links1.css*.
- Damit du auch sehen kannst, was diese CSS-Datei bewirkt, brauchst du noch eine HTML-Datei, auf die das CSS angewendet werden kann. Lade die Datei *links2.html*, die du zu Beginn des Kapitels erstellt hast, in den Editor und ergänze den Quelltext wie folgt:

```
<!DOCTYPE HTML>
<html>
<head>
<title> Hyperlinks </title>
<link rel="stylesheet" type="text/css" href="links1.css">
</head>
<body>
<h2>Hyperlinks verbinden das Netz</h2>
<p>Links verbinden die einzelnen Seiten deiner Website miteinan-
der. </p>
<a href="seite2.html">Hier geht es zur Seite 2</a>
<p>Du kannst auch auf ganz andere Webseiten verlinken.</p>
<a href="http://www.kobert.de">Zur Webseite von Thomas Kobert</a>
</body>
</html>
```

- Speichere nun den HTML-Quelltext unter dem Namen *links6.html* ab.
- Lade die HTML-Datei in deinen Browser und schon solltest du sehen, wie sich der Link-Text geändert hat.

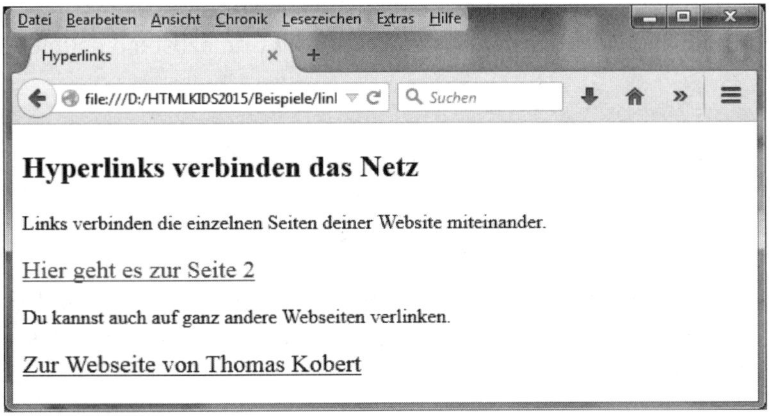

Links mit CSS

Probiere es ruhig mal aus, klicke darauf und fahre mit dem Mauszeiger darüber.

Aber was hast du überhaupt gemacht? Zuerst beim HTML-Quelltext: Du erinnerst dich bestimmt an das vorherige Kapitel, da habe ich dir erklärt, wie ein externes Stylesheet mit einer Webseite verknüpft wird. Das macht die Zeile:

```
<link rel="stylesheet" type="text/css" href="links1.css">
```

Wirklich neu ist der Teil im CSS-Quelltext und das erkläre ich dir jetzt. Schau dir dazu die erste Zeile des CSS-Quelltextes an:

```
a:link
```

Das a steht dort, da die folgende Pseudoklasse dem Tag a im HTML-Quelltext zugewiesen werden soll, und :link ist die Pseudoklasse.

Die Pseudoklasse :link bedeutet, dass die nachfolgende CSS-Definition für einen Link im Ursprungszustand gilt. Also wenn der Link noch nicht angeklickt wurde und wenn kein Mauszeiger darauf positioniert ist. In unserem Beispiel soll der Link dann in Rot und Schriftgröße 15pt angezeigt werden.

Die Definition der Pseudoklassen für das Tag a gilt für alle Links im HTML-Quelltext deiner Webseite. Dadurch sehen alle Links dann gleich aus, was auch sinnvoll ist, schließlich soll ein Besucher die Links auch erkennen.

Was machen die verschiedenen Pseudoklassen?

:link

Du weißt nun, dass diese Pseudoklasse den Link im Grundzustand definiert.

:hover

Diese Pseudoklasse ist dazu da, festzulegen, wie der Link aussieht, wenn der Mauszeiger auf dem Link positioniert ist.

:visited

Hast du einen Link bereits einmal besucht, also angeklickt, dann wird er in Standard-HTML lila angezeigt. Mit dieser Pseudoklasse kannst du festlegen, wie er aussehen soll.

:active

Wird der Link gerade angezeigt, z.B. in einem anderen Tab oder Fenster des Browsers, dann ist er aktiv. Diese Pseudoklasse erlaubt es dir, auch in diesem Fall dem Link eine bestimmte Formatierung zuzuweisen.

Du brauchst auch nicht alle vier Pseudoklassen zu definieren. Oft werden nur :link und :hover eingesetzt. Die anderen Zustände erscheinen dann ganz normal, ohne eine weitere Definition. So, wie du es mit a:link definiert hast.

Eine weitere Möglichkeit

Ich möchte eine ganz einfache Möglichkeit, das Aussehen von Links mithilfe von CSS festzulegen, nicht unerwähnt lassen. Du kannst das auch ganz ohne Pseudoklassen machen, nur indem du dem Tag `a` eine CSS-Definition zuweist.

Wenn du also z.B. möchtest, dass ein Link in *Rot* und *15pt* Schriftgröße dargestellt wird, dann kannst du auch den folgenden CSS-Quelltext verwenden:

```
a
{color: red; font-size: 15pt}
```

Du siehst, das sieht fast genauso aus wie die erste Zeile im Quelltext von *links1.css*. Lediglich die Pseudoklasse ist nicht angegeben.

> Wenn du Links mit CSS ohne Pseudoklassen definierst, dann sieht der Link immer gleich aus. Er verändert sein Aussehen nicht, wenn du mit dem Mauszeiger darüber fährst oder wenn ein Link bereits angeklickt wurde.

Manchmal kann auch das sinnvoll sein, für ganz normale Links bietet es sich jedoch an, die Definition über Pseudoklassen umzusetzen. Besucher von Webseiten sind es einfach gewohnt, dass z.B. besuchte Links anders aussehen als die, die sie noch nicht besucht haben.

Bilder als Links

Sicher hast du auch schon gesehen, dass man Bilder anklicken kann, entweder, dass sie sich dann groß öffnen, oder z.B. Werbebanner, um auf eine andere Seite zu gelangen. Einsatzmöglichkeiten dafür gibt es viele und ich möchte dir an dieser Stelle noch den Einsatz dieser Möglichkeit erklären.

Neu ist hieran nichts, du kombinierst lediglich das Tag `a` für Links, mit dem Tag `img` für Bilder. Dazu tauschst du nur den *Linktext* gegen das Tag `img` aus, mit dem das gewünschte Bild geladen wird.

```
<!DOCTYPE HTML>
<html>
<head>
```

```
<title> Hyperlinks </title>
</head>
<body>
<h2>Hyperlinks verbinden das Netz</h2>
<p>Links verbinden die einzelnen Seiten deiner Website miteinan-
der. </p>
<a href="seite2.html">Hier geht es zur Seite 2</a>
<p>Du kannst auch auf ganz andere Webseiten verlinken.</p>
<a href="http://www.kobert.de">
<img src="logo.jpg">
</a>
</body>
</html>
```

- Öffne die Datei *links2.html* im Editor und ändere sie, wie oben im Quelltext zu sehen, ab.
- Dann speichere sie unter dem Namen *links7.html* ab und lade die neue Datei in den Browser. Wichtig ist natürlich, dass du ein Bild mit dem gleichen Namen (*logo.jpg*) im Ordner mit den Beispielen hast.

Du kannst dir die Grafik auch auf meiner Webseite herunterladen. Du findest sie unter dem Menüpunkt DOWNLOADS. Die Adresse meiner Webseite ist *www.kobert.de*.

- Schau dir das Ergebnis im Browser an. Es sollte alles genauso aussehen wie in der Abbildung.

Ein Bild als Link zu meiner Webseite

Anwendungsbeispiele

Typische Anwendungen für Bilder als Links sind die bereits erwähnten Banner. Auch Bildergalerien lassen sich so umsetzen. Wenn auf das kleine Vorschaubild geklickt wird, dann öffnet sich das Bild in voller Größe.

Am häufigsten werden Bilder jedoch eingesetzt, um Links im Schaltflächenlook zu erzeugen. Sicher hast du das schon oft gesehen, ohne genauer darüber nachgedacht zu haben, wie diese kleinen Buttons auf eine Webseite kommen. Es sind kleine Grafiken, die einen Link auslösen.

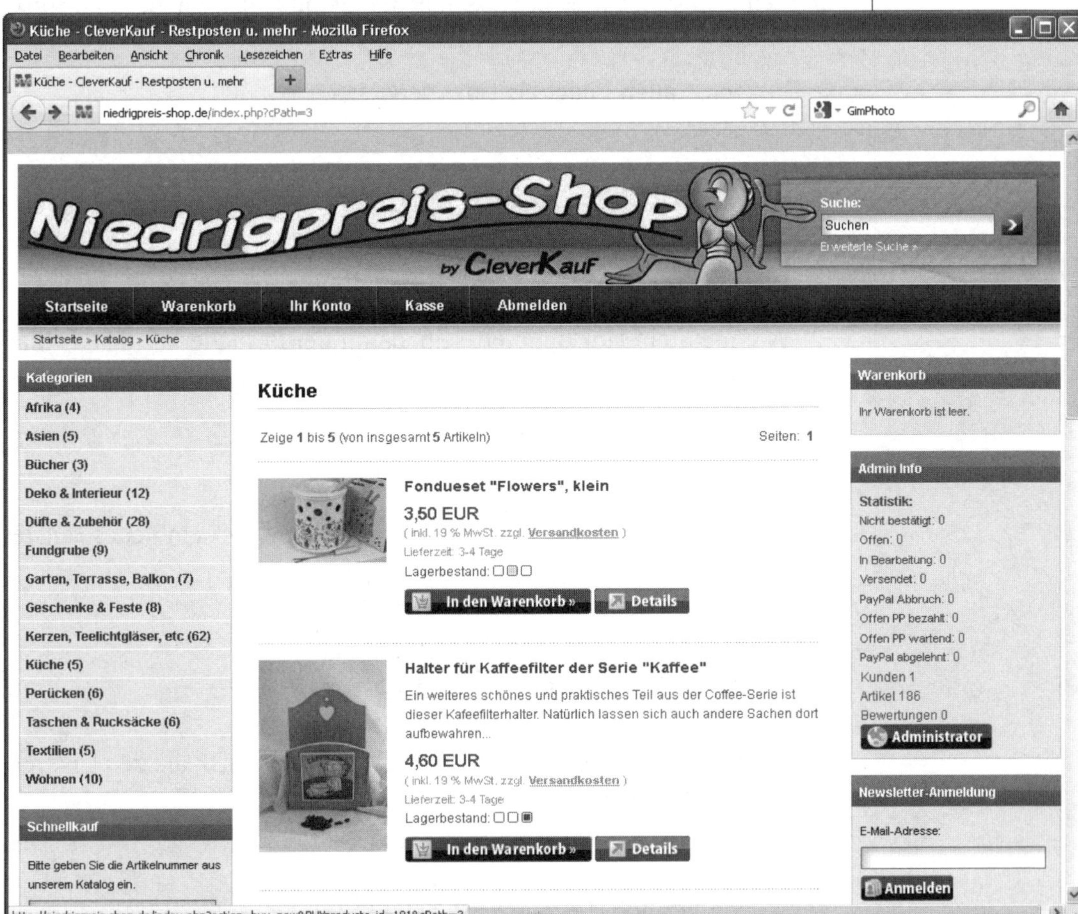

Einsatz von Bildern als Schaltflächen auf einer Webseite

Zusammenfassung

- In diesem Kapitel hast du alles Wichtige über Hyperlinks erfahren und wie sie deine Webseite mit anderen verbinden.
- Alle Arten von Links werden mit dem Tag `a` erstellt.
- Das Attribut `href` gibt immer die Zieladresse an.
- Verschiedene Internetprotokolle ermöglichen es auch, dass du mit Links Dateien downloaden oder E-Mails verschicken kannst.
- Pseudoklassen für Hyperlinks machen deine Links schöner und funktioneller.
- Du kannst auch Bilder als Links verwenden.

Ein paar Fragen ...

1. Welches Tag verwendest du zur Definition eines Links?
2. Wie muss ein Link definiert sein, damit der Besucher dir eine E-Mail senden kann?
3. Nenne drei Internetprotokolle.
4. Wie wird eine Grafik zu einem Link?
5. Wie kannst du definieren, dass sich mit einem Link ein neues Fenster öffnet?

... und eine Aufgabe

Schau dir den Quelltext an. Erstelle eine CSS Datei dazu, die den Link folgendermaßen definiert:

Grundzustand: Schriftgröße 12pt in Arial

Mauszeiger darüber: Farbe ändert sich in Grau

Link ist besucht: Farbe ist Rot

7

Seitendesign mit CSS

Du hast schon eine ganze Menge über CSS erfahren, und was das Gestalten von Text angeht, bist du auch fast schon ein Profi. Doch von den Wunderdingen, die man von CSS hört, hast du noch nicht viel gesehen. Es wird Zeit, dass du mehr darüber erfährst.

- Blindtexte für dein Seitendesign
- Hintergrundfarben für die Seite und einzelne Inhalte
- Hintergrundgrafiken
- Das Boxmodell, Grundlage für perfektes Seitendesign
- Rahmen in allen Varianten
- Abstände zwischen Inhalten
- Alles über numerische Werte
- Noch mehr Möglichkeiten: Klassen bilden

Lorem Ipsum

Was soll die Überschrift denn? Lorem ipsum dolor sit amet, consetetur, adipisci velit, ... so fangen viele *Blindtexte* an.

> Blindtexte sind Texte, die meist keinen Sinn ergeben, aber im Gesamtbild aussehen wie ein vernünftiger Text. Sie werden beim Erstellen von Designs verwendet, aber auch bei Büchern und Zeitschriften.

Du fragst dich vielleicht: Warum nimmt man nicht einfach irgendeinen Text, um auszuprobieren, wie ein Webdesign aussieht?

Und die Antwort ist ganz einfach: Die Mischung aus der Anzahl der Buchstaben in einem Wort und den verwendeten Buchstaben macht viel aus. Wenn du schnell irgendwelche Kunstwörter heruntertippst und dir das danach ansiehst, wirst du schnell merken, dass das nicht nach einem echten Text aussieht.

> Übrigens schon die ersten Schriftsetzer im 16. Jahrhundert haben »Lorem ipsum« für das Layout verwendet.

Auch echte Wörter, die du wahllos aneinanderreihst, bringen da nicht viel. Der Gesamteindruck des Textes ist dann künstlich, du müsstest schon einen richtigen Text schreiben.

Wo gibt's Lorem ipsum?

Es gibt spezielle Lorem-ipsum-Generatoren, die den Text erzeugen. Einen, den ich sehr gerne verwende, weil er nicht nur einen Absatz generiert und sich der Text dann dauernd wiederholt, findest du im Internet: *http://de.lipsum.com*

Ein guter Generator für Lorem ipsum

Dort findest du neben dem Generator auch viele interessante Informationen zum Thema. Besuche die Seite doch mal und erstelle dir deinen Blindtext. Viele der folgenden Beispiele sehen mit Blindtext besser aus als mit nur ein paar Wörtern.

Wenn du bei Google oder einer anderen Suchmaschine nach *Lorem Ipsum* suchst, wirst du auch noch viele andere Generatoren für Blindtext finden.

Du wirst aber auch halb fertige Webseiten finden, die noch diesen Blindtext auf manchen Seiten haben. Pass auf, dass dir das nicht passiert!

Jetzt wenden wir uns aber wieder den Möglichkeiten von CSS zu.

Hintergrund

Du hast bestimmt schon oft Webseiten gesehen, die einen farbigen Hintergrund haben. Manche haben auch Bilder als Hintergrund. Hier erfährst du, wie das geht.

Hintergrundfarbe festlegen

Du brauchst dazu nur das Schlüsselwort background-color.

Ich zeige dir an einem Beispiel, wie es geht.

```
body
{
background-color: red
}
```

In diesem Beispiel habe ich dem Tag body einen roten Hintergrund hinzugefügt. Du hast es bestimmt bemerkt, als Werte für das Schlüsselwort background-color kannst du alle Farbnamen, die du bereits vom Schlüsselwort color kennst, verwenden.

Wenn du dem Tag body eine Hintergrundfarbe zuordnest, dann ist das der Seitenhintergrund, denn <body> und </body> umschließen den gesamten sichtbaren Seitenbereich.

Seitenhintergründe haben jedoch meist nicht so kräftige Farben und du brauchst blasse Farbtöne für den Seitenhintergrund. Also wirst du hier öfter Hexadezimalzahlen für die Farbtöne einsetzen.

Hintergrund-Farbdefinitionen lassen sich auch für beliebige Tags des Dokuments vornehmen, nicht nur für die ganze Seite. Warum das funktioniert, wird dir noch in diesem Kapitel klar, wenn ich dir das Boxmodell erkläre.

Aber wie kommst du an die Hexadezimalwerte für Farben? Viele Grafikprogramme haben diese Funktion. Schau doch mal nach, wenn du eines hast.

Wenn nicht: Am besten googelst du mal. Es gibt viele *Online-Farbpicker*, mit denen du in einer Farbpalette den gewünschten Farbton anklickst und dann den Hexadezimalwert ablesen kannst.

Wenn ich mal schnell einen Farbton brauche, gehe ich gerne auf die Website *www.colorpicker.com*. Der Farbpicker dort ist sehr übersichtlich und ich finde ihn praktisch.

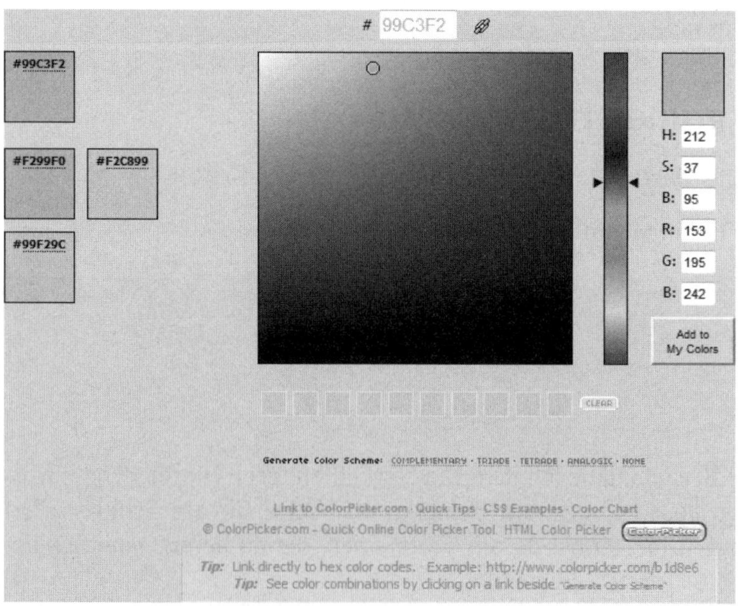

Der Farbpicker von colorpicker.com

Hintergrundgrafik einbinden

Anstelle der Farbe kannst du der Seite auch eine Grafik als Hintergrund zuweisen. Im Prinzip funktioniert das genauso mit der Hintergrundfarbe.

Lediglich die Eigenschaft und der Wert sind anders, die Eigenschaft heißt background-image.

Hintergrundgrafiken lassen sich auch für beliebige Inhalte der Webseite einbinden, nicht nur für das Tag body. Es ist genauso wie bei den Hintergrundfarben. Verwende im HTML-Quelltext dann einfach das gewünschte Tag.

Das Beispiel eines CSS-Quelltextes zeigt dir zwei Varianten. Als Seitenhintergrund wird die Grafik mit dem Dateinamen *back.jpg* eingesetzt. Der Inhalt im Tag p bekommt einen Hintergrund, der aus der Grafik mit dem Namen *bild.jpg* besteht.

```
body
{
background-image: url(back.jpg)
}
p
{
background-image: url(bild.jpg)
}
```

Wie du im Quelltext siehst, heißt der zu verwendende Wert url und beinhaltet den Dateinamen in Klammern.

Hintergrundgrafik wiederholt anzeigen

Hintergrundgrafiken sind nicht immer bildschirmfüllend. Sie werden dann über den Hintergrund gekachelt angezeigt (siehe Abbildung). Dieser Effekt ist oft unerwünscht. Deshalb kannst du das auch ändern.

Gekachelte Hintergrundgrafiken: Da graust's einen doch!

Das Wiederholungsverhalten von Hintergrundgrafiken wird bei Cascading Stylesheets durch das Schlüsselwort background-repeat festgelegt:

Als Wert gibst du einen der vier erlaubten Werte an:

- no-repeat – Das Bild wird einmal angezeigt.
- repeat – Der Seitenhintergrund wird mit dem Bild gefüllt (gekachelt).
- repeat-x – Das Bild wird nebeneinander wiederholt angezeigt.
- repeat-y – Das Bild wird untereinander wiederholt angezeigt.

```
body
{
background-image: url(back.jpg);
background-repeat: no-repeat
}
```

Das Beispiel zeigt eine Definition für das Tag body, bei der die Hintergrundgrafik nicht wiederholt wird.

Das Schlüsselwort background-repeat kann nicht alleine verwendet werden. Du musst dann auch immer das Schlüsselwort background-image verwenden.

Hintergrundposition

Wenn eine Grafik eingebunden wird, ohne dass eine Position angegeben wird, dann wird sie links oben im Browserfenster ausgerichtet.

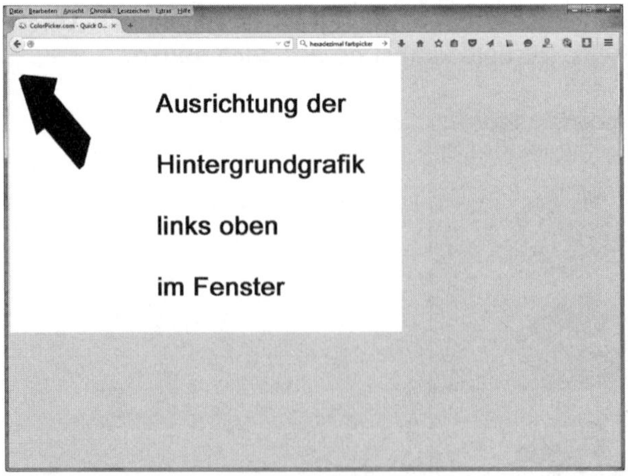

Wenn nicht anders definiert, erfolgt die Ausrichtung links oben im Fenster.

Vertikale oder horizontale Wiederholungen beginnen auch links oben. Du kannst eine Grafik jedoch auch punktgenau platzieren oder an vorgegebenen Positionen anzeigen lassen.

Die Positionierung von Hintergrundgrafiken wird durch die Eigenschaft `background-position` festgelegt. Du kannst einen der folgenden Werte verwenden:

- `top` – oberer Bildschirmrand, mittig
- `center` – zentriert
- `bottom` – unterer Bildschirmrand, mittig
- `left` – linker Bildschirmrand, mittig
- `right` – rechter Bildschirmrand, mittig

Dabei können auch zwei der erlaubten Werte kombiniert werden, so lassen sich nicht nur diese fünf Positionen definieren, sondern auch die Ecken.

> Das Schlüsselwort kann nicht alleine eingesetzt werden, sondern muss zusammen mit dem Schlüsselwort `background-image` verwendet werden.

Für Hintergrundgrafiken reichen die Möglichkeiten in der Regel völlig aus. Doch es geht noch genauer. Bei punktgenauer Angabe der Position erfolgt die Angabe nach folgender Syntax:

```
{
background-position: y-Wert x-Wert
}
```

Es werden zwei absolute numerische Werte angegeben. Zuerst der *y-Wert* durch den Abstand zum linken Rand und der *x-Wert* durch den Abstand zum oberen Rand. Eine Angabe in Punkt (*pt*) ist hier sinnvoll. Das könnte so aussehen:

```
body
{
background-image: url(titel.jpg);
background-position: 60pt 100pt
}
```

Hintergrund fixieren

Wenn der Seiteninhalt eines HTML-Dokuments nicht komplett im Browserfenster angezeigt werden kann, kannst du ihn scrollen. Dabei scrollt der Hintergrund mit, er ist quasi mit dem Text verbunden. CSS ermöglicht es, dass die Hintergrundgrafik fest stehen bleibt und du den Text darüber scrollen kannst.

Das Scrollverhalten einer Hintergrundgrafik kannst du bei Cascading Stylesheets durch das Schlüsselwort `background-attachment` festlegen. Dabei sind zwei Werte erlaubt:

- `fixed` – Der Seitenhintergrund ist fest positioniert.
- `scroll` – Das Bild wird mit dem Text gescrollt. Das ist der Normalzustand, wenn du das Schlüsselwort nicht verwenden würdest.

Das Beispiel zeigt dir den Einsatz:

```
body
{
background-image: url(back.jpg);
background-attachment: fixed
}
```

Auch dieses Schlüsselwort kann nicht alleine, sondern nur zusammen mit `background-image` verwendet werden.

Zum Abschluss des Themas Hintergründe noch ein Beispiel, das den Einsatz zeigt. Dabei habe ich den verwendeten Tags Hintergrundfarben zugewiesen. Den Seitenhintergrund habe ich nicht definiert. Wenn du das Beispiel abtippst, setzte *Lorem ipsum* als Text ein.

Hier als Erstes der HTML-Quelltext:

```
<!DOCTYPE html>
<html>
<head>
<title> Hintergründe</title>
<link rel="stylesheet" type="text/css" href="hinter.css">
</head>
```

```
<body>

<h1> Hintergrund </h1>
<p> Lorem ipsum ... </p>
<div> Lorem ipsum ... >/div>

</body>
</html>
```

Wenn du den Quelltext abgetippt hast, dann speichere ihn als *hinter.html* ab. Anschließend tippe den CSS-Quelltext ab, den du als *hinter.css* abspeicherst.

```
h1
{
background-color:#CBD0D6
}
p
{
background-color:#C4A5C3
}
div
{
background-color:#BBF0BD
}
```

Wenn du dir dann die Datei *hinter.html* im Browser betrachtest, siehst du sehr schön, wie die verschiedenen Inhalte der Tags mit Hintergründen unterlegt sind.

Achte immer darauf, dass der Text noch genügend Kontrast zum Hintergrund aufweist. Gerade Grafiken führen schnell dazu, dass Text nur noch schwer lesbar ist.

Der Hintergrund erstreckt sich horizontal immer über den gesamten verfügbaren Platz. Wie sich das auswirkt, kannst du schön sehen, wenn du dein Browserfenster größer und kleiner machst.

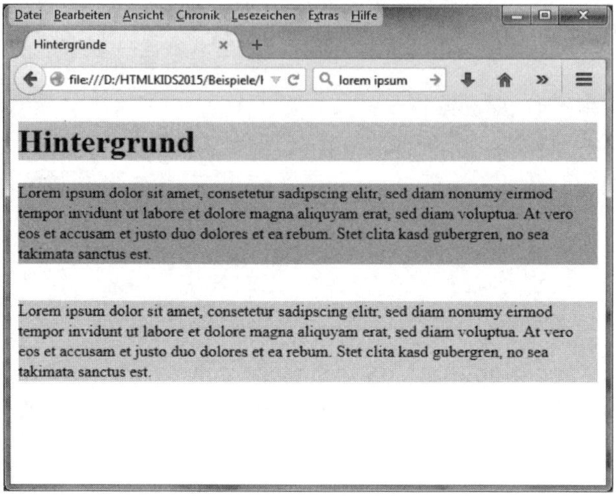

Deutlich sind die Hintergründe der einzelnen Inhalte zu sehen.

Rahmen

Du kannst die Inhalte von Tags, also z.B. Text oder Bilder auch mit Rahmen versehen und sogar festlegen, wie die Rahmen aussehen sollen.

Das Boxmodell

Jetzt ist der richtige Zeitpunkt, dir etwas über das Boxmodell zu erzählen. Keine Angst, ich erkläre dir jetzt nicht seitenlang und technisch, wie das Boxmodell aufgebaut ist. Du solltest es unbedingt lesen, denn das Boxmodell ermöglicht dir bestimmte Formatierungen und vor allem Positionierungen von Inhalten in HTML durch CSS überhaupt erst.

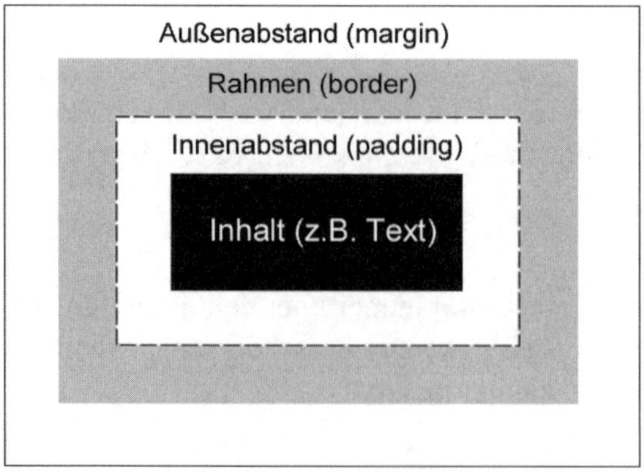

Schematische Darstellung des Boxmodells

CSS betrachtet jeden Inhalt eines Elements als Box, also als einen Kasten. Also ist z.B. der Text, der zwischen <p> und </p> steht, eine Box. Die Überschrift ist eine Box, ein eingebundenes Bild usw.

Das ist so, als wenn ein unsichtbarer Rahmen um diese Inhalte gezogen ist, und der markiert die Box. Zum Inhalt kommen aber auch noch die Abstände und der Rahmen hinzu. Im Detail besteht die Box aus (von innen nach außen):

- dem Inhalt
- dem Platz, der in CSS mit dem Schlüsselwort `padding` definiert wurde (Innenabstand).
- dem (unsichtbaren) Rahmen um den Inhalt, dessen Größe auch durch das Schlüsselwort `border` beeinflusst werden kann.
- dem Platz, der in CSS mit dem Schlüsselwort `margin` dem Außenabstand zugeordnet wurde.

Dass du die gerade erwähnten Schlüsselwörter `padding`, `border` und `margin` noch nicht kennst, macht nichts. In den nächsten Abschnitten über Rahmen und Abstände lernst du sie kennen.

Meist wird die Größe der Box automatisch durch den Platz, den der Inhalt benötigt, bestimmt. Wenn allerdings in HTML Größenangaben in Form von Höhe und Breite durch die Attribute `width` und `height` festgelegt wurden, dann bestimmen diese die Größe der Box.

Eine Möglichkeit, die dir das Boxmodell bietet, hast du bereits im letzten Abschnitt über die Hintergründe kennengelernt. Wenn du den Hintergrund farbig machst, wird die Box sichtbar (ohne den Außenabstand).

Tiefer brauchen wir in diese Thematik nicht einzutauchen. Da es gerade um Rahmen geht und im nächsten Abschnitt dann um Abstände, hilft dir das vermutlich beim Verständnis, was du dort machst.

Rahmen definieren

Wenn du dir die Grafik zum Boxmodell ansiehst, dann würde es Sinn machen, jetzt zunächst den Innenabstand zu betrachten. Doch da um unsere Inhalte noch keine sichtbaren Rahmen sind, würdest du im Beispiel kaum sehen, wie sich die Abstände auswirken.

Das Schlüsselwort border-style definiert einen Rahmen und gleichzeitig den Stil des Rahmens.

Also machen wir zuerst die Rahmen sichtbar. Dazu verwendest du das CSS-Schlüsselwort border-style. Der folgende Quelltext zeigt dir, wie es eingesetzt werden könnte.

```
p
{
border-style: solid
}
```

In diesem Beispiel würde ein Rahmen um den von <p> und </p> umschlossenen Text gezogen. Der angegebene Wert solid legt fest, dass der Rahmen eine durchgezogene Linie hat.

Du kannst aber auch gestrichelte oder gepunktete Rahmen und sogar Rahmen im 3D-Look erzeugen. Dazu stehen dir diese neun Werte zur Verfügung:

- solid – eine durchgezogene Rahmenlinie
- dashed – eine gestrichelte Rahmenlinie
- double – eine doppelte Rahmenlinie
- dotted – eine gepunktete Rahmenlinie
- groove – eine Rahmenlinie im 3D-Stil
- outset – eine Rahmenlinie im 3D-Stil
- ridge – eine Rahmenlinie im 3D-Stil
- inset – eine Rahmenlinie im 3D-Stil
- none – keine Rahmenlinie

Rahmendicke

Du kannst auch die Dicke der Rahmenlinie verändern. So kannst du neben der Auswahl des Rahmenstils weiteren Einfluss auf die Anzeige des Rahmens nehmen. Die Dicke der Rahmenlinie wird durch das Schlüsselwort border-width festgelegt.

Der Einsatz kann nur zusammen mit dem Schlüsselwort border-style erfolgen.

Der folgende Quelltext zeigt dir, wie es eingesetzt werden könnte.

```
p
{
border-style: solid;
border-width: thin
}
```

In diesem Beispiel würde der Rahmen aus einer dünnen durchgezogenen Linie bestehen. Der angegebene Wert thin legt fest, dass der sichtbare Rahmen eine dünne Linie erhält.

Natürlich kannst du auch andere Werte für die Rahmen verwenden. Dazu stehen dir drei feste Werte zur Verfügung:

- thick – eine dicke Rahmenlinie
- middle – eine mitteldicke Rahmenlinie
- thin – eine dünne Rahmenlinie

Außerdem kannst du die Rahmendicke auch punktgenau mit einem numerischen Wert angeben. Das könnte dann so aussehen:

```
border-width: 6pt
```

Dabei kannst du Werte von 1 bis 99 verwenden.

Rahmenfarben

Die Rahmenfarbe ist ein weiteres Mittel, Rahmen zu gestalten. Da heute Webseiten überwiegend farbenfroh sind, machen sich farblich angepasste Rahmen immer gut.

Die Rahmenfarbe kannst du mit dem Schlüsselwort border-color festlegen.

```
p
{
border-style: solid;
border-width: thin;
border-color: red
}
```

Wenn du keine Farbe für den Rahmen festlegst, sind die Rahmenlinien immer schwarz. In diesem Beispiel würde der Rahmen durch den Wert red in Rot angezeigt.

Du kannst als Wert für das Schlüsselwort border-color alle gültigen Farbnamen oder Hex-Werte verwenden.

Jetzt wird es aber Zeit für ein richtiges Beispiel, das du abspeichern und im Browser anschauen kannst. Dabei kannst du auch gleich den Blindtext einsetzen.

Zuerst wenden wir uns dem CSS-Quelltext zu. Ich verrate dir schon so viel: Der HTML-Quelltext enthält Text bei den Tags p und div, außerdem ist eine Überschrift (h1) vorhanden.

```
h1
{
font-family: arial;
font-size: 20pt
}
div
{
font-family: arial;
font-size: 12pt;
border-style: solid;
border-width: thin;
border-color: red
}
p
{
font-family: arial;
font-size: 12pt;
border-style: double;
border-width: 10pt;
border-color: #008000
}
```

Wenn du den Quelltext abgetippt hast, speichere ihn unter dem Namen *rahmen.css*. Damit es besser aussieht, wurde auch die Schrift ein wenig beeinflusst. Doch diese Schlüsselwörter kennst du ja schon länger.

Doch damit du auch sehen kannst, wie sich dieser CSS-Quelltext auf eine HTML-Datei auswirkt, brauchst du auch noch einen HTML-Quelltext. Tippe das Beispiel ab und dann generierst du dir zwei Abschnitte Blindtext.

```
<!DOCTYPE html>
<html>
<head>
<title> Rahmen </title>
<link rel="stylesheet" type="text/css" href="rahmen.css">
</head>
<body>
<h1> Rahmen mit CSS </h1>
<p> Text </p>
<div> Text </div>
</body>
</html>
```

Mit dem einen Abschnitt ersetzt du den Text zwischen <p> und </p>. Den anderen kopierst du zwischen <div> und </div>.

Diese Vorgehensweise ist einfacher für dich, als wenn ich den ganzen Text im Beispiel zeige und du das alles abtippen musst.

Jetzt speichere den Quelltext als *rahmen.html* ab und schau dir die Seite im Browser an.

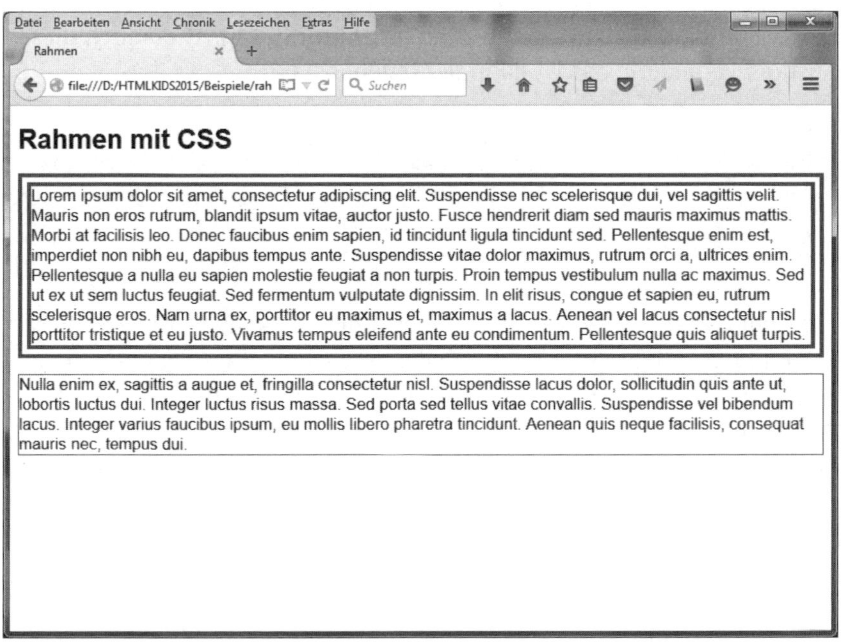

Verschiedene Rahmen im Einsatz

Wenn du wissen möchtest, wie die anderen Rahmenstile aussehen, dann ändere doch den CSS-Quelltext ab und setze die entsprechenden Werte beim Schlüsselwort `border-style` ein.

> Die Schlüsselwörter rund um die Rahmen kannst du übrigens später noch für etwas anderes verwenden. Du kannst mit ihnen Tabellen formatieren.

Abstände

Erinnerst du dich an das Boxmodell? Da gab es noch Innenabstände und Außenabstände. Innen und außen bezieht sich dabei auf den Rahmen. Und genau um diese beiden Abstände geht es in diesem Abschnitt.

Abstände innerhalb des Rahmens

Gemeint ist hier der *Innenabstand*, also der Abstand zwischen dem Inhalt und dem Rahmen. Schau dir noch mal das letzte Beispiel im Browser (oder die Abbildung im Buch) an.

Du wirst feststellen, dass der Text einen sehr geringen Abstand zur Rahmenlinie hat. Das kann manchmal gewollt sein, in der Regel sieht ein etwas größerer Abstand aber besser aus. Mit CSS kannst du auch diesen Abstand verändern, das ist dann der Innenabstand.

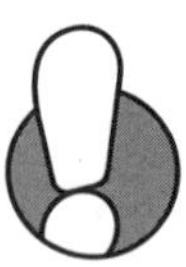

> Du kannst dir den Innenabstand als einen weiteren, aber unsichtbaren Rahmen zwischen dem Inhalt und dem Rahmen vorstellen (siehe Abbildung beim Boxmodell).

Das Schlüsselwort zum Festlegen eines Innenabstands heißt `padding`. Am besten zeige ich dir den Einsatz wieder an unserem Beispiel mit den Rahmen. Öffne den CSS-Quelltext (*rahmen.css*) und füge den CSS-Definitionen für die Tags `p` und `div` das Schlüsselwort `padding`, wie im Beispiel zu sehen, hinzu.

```
h1
{
font-family: arial;
font-size: 20pt
```

```
}
div
{
font-family: arial;
font-size: 12pt;
border-style: solid;
border-width: thin;
border-color: red;
padding: 15pt
}
p
{
font-family: arial;
font-size: 12pt;
border-style: double;
border-width: 10pt;
border-color: #008000;
padding: 5pt
}
```

Durch das Hinzufügen des Schlüsselworts `padding` hast du beim Tag `div` einen Innenabstand von `15pt` und beim Tag `p` einen Innenabstand von `5pt` hinzugefügt.

Speichere den Quelltext jetzt als *rahmen1.css* ab.

Auch das HTML-Dokument benötigt eine ganz kleine Änderung. Du musst den Dateinamen der CSS-Datei anpassen, damit auch die richtige CSS-Datei geladen wird:

```
<link rel="stylesheet" type="text/css" href="rahmen1.css">
```

Ansonsten bleibt der HTML-Quelltext unverändert. Wenn du die Änderung am HTML-Quelltext ausgeführt und gespeichert hast, lasse sie dir im Browser anzeigen.

> Bei den festgelegten Innenabständen handelt es sich um Mindestabstände. Das heißt, dass der Abstand unter Umständen auch größer sein kann.

Du siehst nun deutlich, wie sich der Innenabstand auswirkt. Besonders im oberen Abschnitt mit dem dicken Rahmen ist der Text nun besser lesbar, weil er nicht mehr so am Rand klebt. Aber auch der dünne Rahmen sieht doch mit dem Innenabstand viel besser aus.

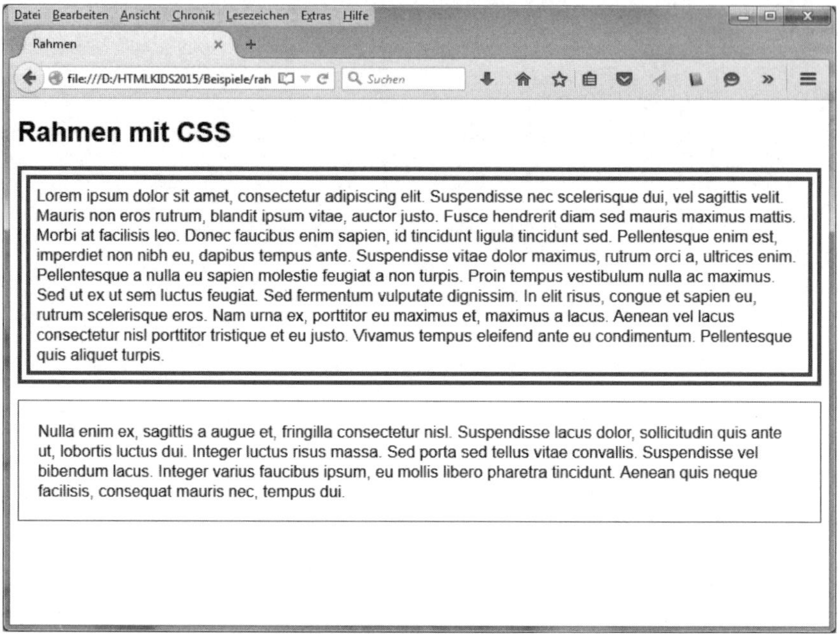

Das Beispiel mit Innenabständen

Abstände außerhalb des Rahmens

Die zweite Art von Abständen, die du festlegen kannst, sind die *Außenabstände*. Das sind Abstände, die zwischen dem Rahmen und den angrenzenden Blöcken beziehungsweise dem Fensterrand deines Browsers liegen.

Den Außenabstand kannst du in CSS mit dem Schlüsselwort `margin` festlegen. Das Beste ist, wir schauen uns das am letzten Beispiel an.

Lade es in den Editor und ergänze den Quelltext um das Schlüsselwort `margin`, ganz so, wie du es hier im nächsten Beispiel siehst.

```
h1
{
font-family: arial;
font-size: 20pt
}
div
{
```

```
font-family: arial;
font-size: 12pt;
border-style: solid;
border-width: thin;
border-color: red;
padding: 15pt;
margin: 20pt
}
p
{
font-family: arial;
font-size: 12pt;
border-style: double;
border-width: 10pt;
border-color: #008000;
padding: 5pt;
margin: 40pt
}
```

Rund um das Tag `div` ist ein Außenabstand von `20pt` festgelegt, beim Tag `p` beträgt er `40pt`.

Auch die Außenabstände kannst du dir als einen unsichtbaren Rahmen vorstellen, der die Box aus Inhalt, Innenabstand und Rahmen umschließt.

Ich habe die Abstände diesmal etwas größer gewählt als im letzten Beispiel, damit die Auswirkungen deutlicher zu sehen sind. In der Praxis wirst du meist mit niedrigeren Werten arbeiten.

Nun kannst du deinen ergänzten Quelltext abspeichern, verwende dazu den Namen *rahmen2.css*.

Auch hier musst du wieder im HTML-Quelltext den Namen der zu ladenden CSS-Datei anpassen. Ändere ihn beim Tag `link` wie folgt:

```
<link rel="stylesheet" type="text/css" href="rahmen2.css">
```

Speichere jetzt den geänderten HTML-Quelltext ab und schau dir das Ergebnis im Browser an.

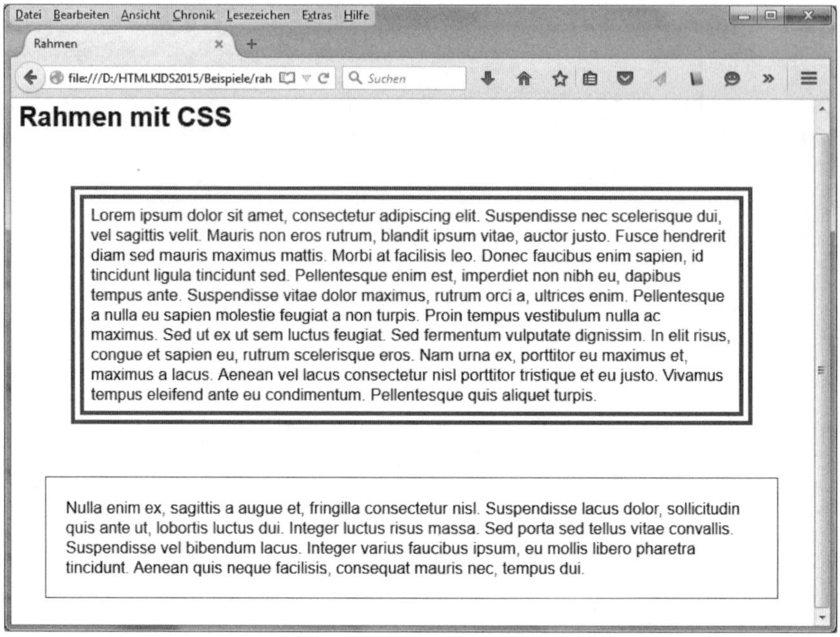

Außenabstände bringen Luft in die Seite.

Du siehst, wie sich der Außenabstand auf das Aussehen deiner Seite auswirkt. Nicht nur der Abstand der beiden Blöcke zueinander hat sich vergrößert, auch die zum Rand des Browserfensters hin.

Über numerische Werte

Du hast schon ein paar Mal *numerische Werte* eingesetzt. Erinnerst du dich? Zum Beispiel bei den Schriftgrößen und gerade eben erst, bei den Rahmen und Abständen.

Doch welche numerischen Werte gibt es überhaupt, die du verwenden kannst? Grundsätzlich gibt es zwei Arten, absolute und relative numerische Werte.

> Du kannst nicht nur ganze Zahlen (1,2,3 usw.) zur Wertangabe einsetzen. Es sind auch Kommazahlen möglich. Dabei muss dann jedoch anstelle eines Kommas ein Punkt verwendet werden.

Absolute numerische Werte

Absolute numerische Werte sind, deshalb heißen sie auch so, absolut. Sie beziehen sich auf keine andere Größe. So ist ein Baum, der acht Meter hoch ist, immer acht Meter hoch, egal wie hoch alle anderen Bäume drum herum sind.

Dafür stehen dir die fünf folgenden Maßeinheiten zur Verfügung:

- `pt` – Punkt
- `pc` – Pica (1 Pica = 12 Punkt)
- `in` – Inch (1 Inch = 2,54 cm)
- `mm` – Millimeter
- `cm` – Zentimeter

Die Werte für *Inch*, *Millimeter* und *Zentimeter* machen bei einem Layout für eine Webseite wenig Sinn, da du die Auswirkungen nicht einschätzen kannst. Interessant sind diese Werte jedoch bei einem Stylesheet für die Druckausgabe.

Relative numerische Werte

Im Gegensatz zu absoluten numerischen Werten haben relative numerische Werte keine festen Größen, sondern sie beziehen sich auf eine andere Größe. Das nennt man dann relativ.

Um bei unserem Beispiel mit den Bäumen zu bleiben: Mal angenommen, da stehen drei Bäume, der eine ist wie erwähnt acht Meter hoch, die beiden anderen haben eine Höhe von vier und zwei Metern.

In absoluten Angaben würdest du das genau so sagen. Wenn du das aber in relativen Angaben sagen willst, dann muss du für einen die absolute Größe angeben und die beiden anderen in relativer Größe zu diesem einen Baum. Das könnte dann so aussehen:

```
Baum 1 = 8 Meter
Baum 2 = 50%
Baum 3 = 25%
```

Es gibt vier mögliche relative numerische Werte:

- `px` – Pixel
- `em` – relativ zur Schrifthöhe
- `ex` – relativ zur Schrifthöhe des Buchstabens x
- `%` – prozentuale Angabe

Einzelne Abstände

Man kann die Abstände auch einzeln für jede Seite der Box festlegen. Das kann durchaus sinnvoll sein, denn eventuell soll z.B. der Abstand von einem zu dem darüber liegenden größer sein als zu dem, der darunter liegt.

Du kannst die Abstände an allen vier Seiten der Box mit unterschiedlichen Werten festlegen.

Außenabstände

Wenn du nur einzelne Außenabstände definieren möchtest, stehen dir dafür folgende Schlüsselwörter zur Verfügung, die ansonsten genauso eingesetzt werden wie das Schlüsselwort `margin`:

- `margin-bottom` – Abstand am unteren Rand der Box
- `margin-top` – Abstand am oberen Rand der Box
- `margin-left` – Abstand am linken Rand der Box
- `margin-right` – Abstand am rechten Rand der Box

Wenn du die Schlüsselwörter `margin-bottom`, `margin-top`, `margin-left` und `margin-right` einsetzt, dann darfst du für das gleiche Tag das Schlüsselwort `margin` nicht verwenden.

Ein Beispiel könnte so aussehen:

```
div
{
margin-bottom: 20px
margin-top: 10px
margin-left: 5px
margin-right: 5px
}
```

Innenabstände

Auch die Innenabstände kannst du einzeln festlegen. Wieder darfst du das Schlüsselwort `padding` nicht verwenden, falls du die folgenden Schlüsselwörter einsetzt, um den Innenabstand für jede Seite der Box einzeln zu definieren:

- `padding-bottom` – Abstand am unteren Rand der Box
- `padding-top` – Abstand am oberen Rand der Box
- `padding-left` – Abstand am linken Rand der Box
- `padding-right` – Abstand am rechten Rand der Box

In der Praxis kann das dann so aussehen:

```
div
{
padding-bottom: 5px
padding-top: 8px
padding-left: 3px
padding-right: 2px
}
```

Klassen bilden

Du weißt schon eine ganze Menge über HTML und CSS und damit kannst du auch schon eine tolle Webseite erstellen. Du kannst sie mit CSS bereits durchstylen, wie es nur mit HTML nicht möglich wäre.

Doch jedes Mal, wenn du irgendetwas mit CSS definieren möchtest, musst du ein neues Tag verwenden. Da könnten die Tags dann langsam knapp werden. Es fehlt noch etwas: Klassen. Richtig interessant werden Stylesheets nämlich erst durch die Möglichkeit, Klassen zu bilden.

Klassen sind Absatzformate

Du erinnerst dich bestimmt, ich hatte dir erklärt, dass du mit CSS Dokumentvorlagen erstellen kannst. Klassen ermöglichen dir, Absatzformate zu erstellen. Das sind quasi Vorlagen für Absätze. Und der Clou daran ist, hast du einmal Absatzformate erstellt, kannst du sie immer wieder in deine CSS-Dateien integrieren. Dadurch, dass du sie immer wieder verwenden kannst, kannst du dir eine Menge Arbeit sparen.

CSS

Dazu musst du zuerst einen Klassennamen vergeben und danach kannst du durch den vergebenen Namen einem Tag unterschiedliche Schriftattribute zuordnen. Das geht ganz einfach. Im CSS-Quelltext schreibst du hinter dem Tag einen Punkt und dann den gewünschten Namen, den du selber wählen kannst. Für das Tag `div` könnte das so aussehen:

```
div.buch
{
font-family: arial
}
```

Du hast soeben deine erste Klasse definiert. Sie heißt `buch`. Wenn jetzt einem Tag `div` im HTML-Quelltext die Klasse `buch` zugeordnet wird, dann wird der Text dort in der Schriftart Arial angezeigt.

Durch den Einsatz von Klassen kannst du jedes Tag beliebig oft verwenden, selbst wenn es jedes Mal anders formatiert sein soll.

HTML

Doch woher weiß der Browser, welchem Tag `div` diese Klasse zugeordnet werden soll? Es gibt ein Attribut, das bei dem entsprechenden Tag `div` eingesetzt wird. Es handelt sich dabei um das Attribut `class`, wie es eingesetzt wird, zeigt dir der Ausschnitt aus einem Quelltext:

```
<div class="buch"> Hier steht der Text </div>
```

Dadurch wird es möglich, dass du deine Webseite mit wenigen Tags gestalten kannst und einen übersichtlichen und strukturierten Quelltext bekommst.

Ist dir klar, wie es geht? Hier ist noch ein Beispiel, zuerst der CSS-Quelltext:

```
h1
{
font-family: arial
}
div.kurs
{
font-family: arial;
font-style: italic
}
div.fett
{
```

```
font-family: arial;
font-weight: bold
}
div.rot
{
font-family: arial;
color: red
}
div.unt
{
font-family: arial;
text-decoration: underline
}
```

Neben der Überschrift hast du im Quelltext vier Klassen für das Tag div definiert. Die Klasse kurs macht den Text kursiv, die Klasse fett formatiert ihn fett, die Klasse rot erzeugt roten Text und die Klasse unt unterstreicht den Text.

Und für alle vier Formatierungen hast du nur ein einziges Tag gebraucht, das Tag div. Hast du den Quelltext abgetippt? Dann speichere ihn als *class.css* ab.

Damit du die Auswirkungen in der Praxis auch sehen kannst, brauchst du noch ein HTML-Dokument. Tippe den folgenden Quelltext ab.

Wenn du das *»Text«* innerhalb der Tags div durch einen Blindtext (Lorem Ipsum) austauschst, sieht das Ergebnis nachher viel besser aus.

```
<!DOCTYPE html>
<html>
<head>
<title> CSS-Klassen </title>
<link rel="stylesheet" type="text/css" href="class.css">
</head>
<body>

<h1> Klassen in CSS </h1>
<div class="kurs"> Text </div>
<div class="fett"> Text </div>
<div class="rot"> Text </div>
<div class="und"> Text </div>
```

```
</body>
</html>
```

Du kannst den HTML-Quelltext natürlich so abtippen und ausprobieren. Speichere den Quelltext nun als *class.html* ab und lasse es dir im Browser anzeigen.

Die Abbildung zeigt dir das Ergebnis mit einem Blindtext.

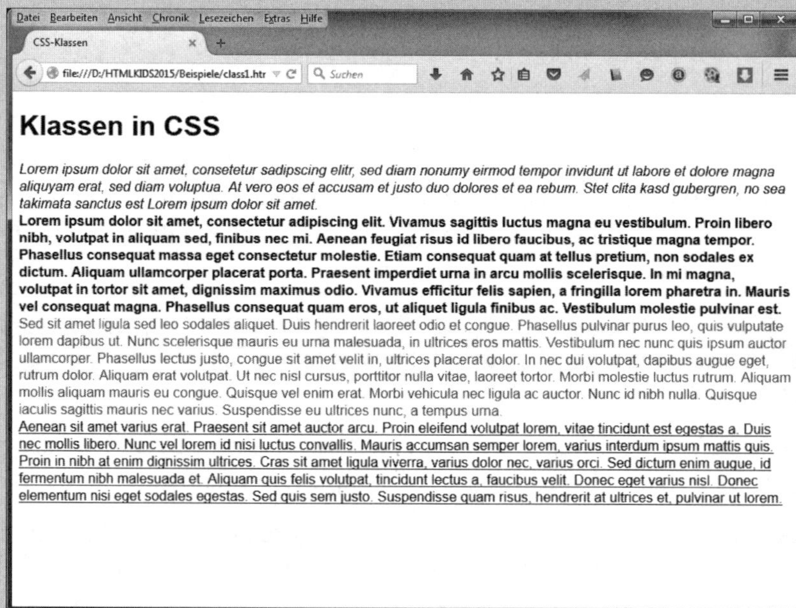

Alle Abschnitte sind mit den Tag div markiert.

Zusammenfassung

In diesem Kapitel bist du schon ganz schön tief in die Möglichkeiten von CSS eingetaucht. Ich hoffe, du hast Lust auf mehr. Das hast du in diesem Kapitel gelernt:

- Blindtext hilft dir beim Designen von Webseiten und du weißt, wie du ganz einfach welchen bekommen kannst.
- Du kannst den Seitenhintergrund einfärben oder mit einem Bild versehen.

- Du kannst sogar die Inhalte einzelner Tags mit Hintergründen versehen.
- Du hast das Boxmodell kennengelernt.
- Du kannst Rahmen um beliebige Inhalte ziehen und beeinflussen, wie diese Rahmen aussehen.
- Mit Abständen kannst du festlegen, wie viel Platz zwischen den verschiedenen Inhalten deiner Webseite liegt.
- Es gibt auch Innenabstände, die den Abstand des Inhalts zu seinem Rahmen festlegen.
- CSS-Klassen eröffnen dir ganz neue Möglichkeiten.

Ein paar Fragen ...

1. Wie fängt ein häufig verwendeter Blindtext an, den es schon seit dem 16. Jahrhundert gibt?
2. Mit welchem CSS-Schlüsselwort kannst du die Hintergrundfarbe festlegen?
3. Wie kann festgelegt werden, dass ein Hintergrundbild fixiert ist, also nicht mitscrollt?
4. Wie definierst du einen Rahmen rund um den Inhalt eines Tags?
5. Welche Rahmenstile gibt es? Nenne mindestens drei.
6. Welches Schlüsselwort benötigst du, um einen Innenabstand festzulegen?
7. Was ist der Außenabstand?
8. Welche zwei Arten von numerischen Werten gibt es?
9. Welches Schlüsselwort definiert den Außenabstand nach rechts?

... und ein paar Aufgaben

1. Erstelle eine kleine Webseite mit einer Überschrift und zwei Absätzen. Fülle den Text der Absätze mit Blindtext.

2. Weise den beiden Absätzen (Aufgabe 1) mit CSS einen dünnen Rahmen in Form einer Linie zu. Der Hintergrund unter dem Text soll gelb sein. Erstelle das passende CSS.
3. Füge dem CSS aus Aufgabe 2 noch die Definition für einen Innenabstand von 6pt und einen gleich großen Außenabstand hinzu.

8

Aufzählungen mit Listen

Eine solche Liste siehst du gleich im Anschluss an diesen Text. Immer wenn du etwas aufzählen möchtest, dann wirst du eine solche Liste auf deiner Webseite brauchen, und in diesem Kapitel zeige ich dir, wie das geht.

- Sortierte, also nummerierte Listen
- Unsortierte Listen ohne Nummerierung
- Sortierte und unsortierte Listen mischen
- Glossare erstellen
- Listen mit CSS aufpeppen

Aufzählungen erstellen

Aufzählungen sind ein tolles Mittel, um Texte und Informationen übersichtlich darzustellen. Egal, ob du einen langen Text in Stichpunkten zusammenfassen oder ob du Schritt-für-Schritt-Anleitungen erstellen möchtest, Aufzählungen kannst du oft einsetzen.

Da du in HTML nicht die Möglichkeiten wie in einer Textverarbeitung hast, sogenannte *Tabstops* festzulegen, gibt es für das Erstellen von Listen spezielle Tags. Dabei unterscheidet man zwischen sortierten und unsortierten Listen.

In HTML bezeichnet man die Aufzählungen als Listen.

Sortierte Liste

Wenden wir uns zuerst der sortierten Liste zu. In der sortierten Liste werden die Listeneinträge durchnummeriert. Dabei kann die Art der Nummerierung festgelegt werden. Möglich sind arabische und römische Ziffern und alphanumerische Auflistungen.

Durchnummerierte Listen

Eine sortierte Liste markierst du mithilfe des Tags <ol>. Dabei wird zwischen den Tags <ol> (englisch für »ordered list«) und </ol>, die die Liste öffnen und schließen, ein weiteres Tag benötigt. Es ist das Tag `li`, in das die einzelnen Einträge der Liste geschrieben werden. Schau dir gleich das Beispiel an.

```
<!DOCTYPE HTML>
<html>
<head>
<title> Listen </title>
</head>
<body>
<h2> Eine sortierte Liste </h2>

<ol>
<li> Eintrag 1 </li>
<li> Eintrag 2 </li>
<li> Eintrag 3 </li>
<li> Eintrag 4 </li>
<li> Eintrag 5 </li>
</ol>

</body>
</html>
```

Das Tag ol umschließt die ganze Liste, in der jeder einzelne Eintrag zwischen <li> und </li> steht. Das ist doch einfach, oder?

Wenn du den Quelltext im Editor abgetippt hast, speichere ihn mit dem Namen *list1.html* ab. Sieh dir dann das HTML-Dokument im Browser an.

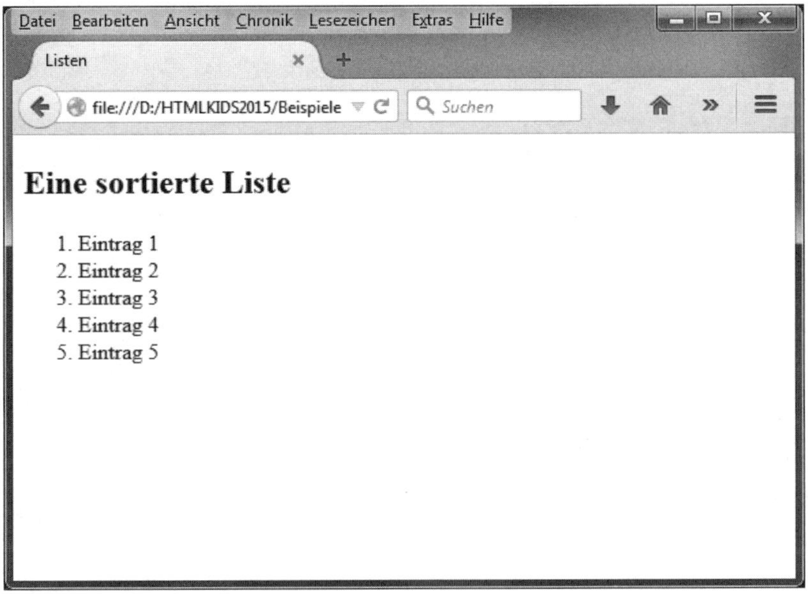

Die sortierte Liste mit Nummerierung

Dies ist eine einfache Liste, bei der die einzelnen Einträge nur untereinander aufgeführt werden. Oft benötigst du auch Listen, die wieder in Unterpunkte aufgegliedert sind.

Verschachtelte Listen

Dies kannst du erreichen, wenn du zwei Listen ineinander verschachtelst. Dazu öffnest du die erste Liste und danach die zweite. Dann schließt du die zweite Liste und erst danach die erste.

Du könntest jetzt innerhalb der zweiten Liste noch eine dritte öffnen oder auch noch mehr. Tatsächlich kannst du beliebig viele Listen ineinander verschachteln.

Das hört sich kompliziert an? Ist es aber nicht, wenn du dir gleich das Beispiel dazu ansiehst. Du musst nur genau aufpassen, wo ein Tag ol geöffnet und wo eines geschlossen wird.

```
<!DOCTYPE HTML>
<html>
<head>
<title> Verschachtelte Liste </title>
</head>
<body>
<h2> Verschachtelte Liste </h2>

<ol>
<li> Liste 1, Eintrag 1 </li>
<ol>
<li> Liste 2, Eintrag 1 </li>
<li> Liste 2, Eintrag 2 </li>
</ol>
<li> Liste 1, Eintrag 2 </li>
<ol>
<li> Liste 3, Eintrag 1 </li>
<li> Liste 3, Eintrag 2 </li>
</ol>
<li> Liste 1, Eintrag 3 </li>
</ol>

</body>
</html>
```

Ist dir jetzt klar, wie das funktioniert? Wenn nicht, schau dir das Beispiel noch einmal ganz genau an: Der Schlüssel zum Verständnis liegt in den Tags `ol`.

Das erste Tag `<ol>` öffnet die gesamte Liste und das letzte `</ol>` schließt sie wieder. Die beiden Bereiche mit `<ol>` und `</ol>` bilden dann die Listen zwei und drei.

> Und jetzt: Herzlichen Glückwunsch, du hast soeben nicht nur eine verschachtelte Liste erstellt, sondern auch zum ersten Mal Tags verschachtelt. Das kannst du nämlich nicht nur mit den Tags für Listen machen, sondern auch mit vielen anderen Tags. Diese Technik nennt man verschachtelte Tags.

Nun wird es Zeit, das Ergebnis im Browser anzusehen. Speichere den Quelltext als *list2.html* ab und schau dir im Browser an, wie das aussieht.

Eine verschachtelte Liste

Etwas unschön ist, dass auch die Unterpunkte in der Liste mit 1, 2, 3 ... durchnummeriert sind. Eigentlich werden Unterpunkte doch anders nummeriert. Es gibt auch eine Reihe von Möglichkeiten, Einfluss auf die Anzeige der Listennummerierung zu nehmen.

Die Art der Nummerierung sollte über CSS erfolgen. Am Ende des Kapitels erfährst du mehr über die Formatierung von Listen über CSS.

Auch wenn Listen und die Nummerierung über CSS umgesetzt werden sollen, so gibt es doch eine Möglichkeit, das auch mit HTML zu machen.

Dazu brauchst du das Attribut `type`. Es ist zwar noch gültig, aber es gibt in der Spezifikation von HTML 5 einen Hinweis, dass man es nicht mehr verwenden sollte. Doch das ist in etwas so, als wenn du zum Fußballplatz kommst und da ein Schild steht: *Bitte spiele hier nicht Fußball, aber wenn du es willst, kannst du es trotzdem gerne machen!* Das Schild hat die Stadtverwaltung dort aufgehängt, weil sie den Fußballplatz vielleicht in ein paar Jahren schließen möchte. Und bei HTML ist der Grund, dass vielleicht in einer Nachfolgeversion von HTML das Attribut nicht mehr erlaubt ist.

Art der Nummerierung

Jetzt zeige ich dir also, wie das mit dem Attribut `type` geht, und wenn du die nötigen CSS-Befehle kennst, kannst du es auch mit CSS machen.

Du kannst das Attribut `type` sowohl zusammen mit `ol` als auch mit dem Tag `ul` einsetzen.

Für das Attribut type stehen die folgenden fünf Werte zur Verfügung, die du verwenden kannst, um die Nummerierung der Liste zu beeinflussen:

- type="1" – Wenn du bei einer sortierten Liste gar nichts angibst, werden arabische Ziffern verwendet. Das Gleiche macht dieser Wert (1, 2, 3 usw.).
- type="a" – Dieser Wert bewirkt eine Aufzählung mit Kleinbuchstaben (a, b, c usw.).
- type="A" – Mit diesem Wert werden Großbuchstaben zur Aufzählung eingesetzt (A, B, C usw.).
- type="i" – Dieser Wert bewirkt eine Aufzählung mit römischen Ziffern, wobei hier Kleinbuchstaben zur Darstellung verwendet werden (i, ii, iii usw.).
- type="I" – Das bewirkt die Darstellung römischer Ziffern unter Verwendung von Großbuchstaben (I, II, III usw.).

Jetzt ändern wir den Quelltext so ab, dass die Liste 1 römische Ziffern in Großbuchstaben bekommt und die Listen 2 und 3 kleine Buchstaben.

```
<!DOCTYPE HTML>
<html>
<head>
<title> Verschachtelte Liste </title>
</head>
<body>
<h2> Verschachtelte Liste </h2>
<ol type="I">
<li> Liste 1, Eintrag 1 </li>
<ol type="a">
<li> Liste 2, Eintrag 1 </li>
<li> Liste 2, Eintrag 2 </li>
</ol>
<li> Liste 1, Eintrag 2 </li>
<ol type="a">
<li> Liste 3, Eintrag 1 </li>
<li> Liste 3, Eintrag 2 </li>
</ol>
<li> Liste 1, Eintrag 3 </li>
</ol>
</body>
</html>
```

Hast du die Änderungen in deinen Quelltext eingefügt? Dann speichere ihn als *list3.html* ab und sieh dir das Ergebnis im Browser an.

Na ja, schön ist das noch nicht, aber etwas besser. Fürs Erste reicht das, schön machst du es dann später noch mit CSS.

Andere Aufzählungszeichen für die Liste

Unsortierte Listen

Nicht immer ist es erwünscht, dass eine Liste durchnummeriert ist. Deshalb kannst du unsortierte Listen erstellen, die nur mit Aufzählungszeichen verbunden sind, anstatt durchnummeriert zu sein.

Eine solche unsortierte Liste wird mithilfe des Tags `<ul>` (englisch für »unordered list«) umgesetzt. Dabei wird zwischen den Tags `<ul>` und `</ul>`, die die Liste öffnen und schließen, genauso wie bei der sortierten Liste wieder das Tag `li` verwendet.

Das nächste Beispiel zeigt eine unsortierte Liste. Schau es dir an, fällt dir etwas auf?

```
<!DOCTYPE HTML>
<html>
<head>
<title> Unsortierte Liste </title>
</head>
<body>
<h2> Verschachtelte Liste </h2>
<ul>
<li> Liste 1, Eintrag 1 </li>
```

```
<ul>
<li> Liste 2, Eintrag 1 </li>
<li> Liste 2, Eintrag 2 </li>
</ul>
<li> Liste 1, Eintrag 2 </li>
<ul>
<li> Liste 3, Eintrag 1 </li>
<li> Liste 3, Eintrag 2 </li>
</ul>
<li> Liste 1, Eintrag 3 </li>
</ul>
</body>
</html>
```

Hast du es bemerkt? Im Beispiel wurde nur jedes Tag `ol` gegen `ul` ausgetauscht!

Ändere deinen Quelltext entsprechend ab und dann speichere ihn als *list4.html* ab. Wenn du das Ergebnis im Browser ansiehst, wirst du überrascht sein, wie viel ordentlicher diese Liste doch aussieht. Das liegt aber nur daran, dass Zahlen zur Nummerierung verwirrend wirken, wenn – wie in unserem Beispiel – auch noch Zahlen im Text vorkommen.

Der Browser hat automatisch gemerkt, dass die Liste verschachtelt ist, und für die Listen 2 und 3 einen anderen Punkt als für die Liste 1 verwendet.

Deine Liste ohne Nummerierung

Art der Aufzählung

- Auch bei unsortierten Listen kann das Attribut `type` eingesetzt werden. Dabei gehst du genauso vor wie bei der sortierten Liste. Du musst nur andere Werte für die Attribute einsetzen:
- `type="circle"` – Wenn du bei einer unsortierten Liste nichts angibst, wird ein dicker schwarzer Punkt verwendet. Das Gleiche erreichst du mit diesem Wert.
- `type="square"` – Dieser Wert bewirkt eine Auflistung mit kleinen Rechtecken.
- `type="disc"` – Durch den Wert `disc` wird zur Auflistung ein Kreis verwendet.

> Probiere doch einfach mal die verschiedenen Werte im Quelltext aus. Wie erwähnt, es funktioniert genauso wie beim Tag `ol`!

Sortierte und unsortierte Listen verbinden

Weitere interessante Möglichkeiten ergeben sich auch durch die Kombination von sortierten und unsortierten Listen. Das geht ganz einfach. Du musst nur an den gewünschten Stellen deiner verschachtelten Liste das Tag `ul` gegen das Tag `ol` austauschen.

```
<!DOCTYPE HTML>
<html>
<head>
<title> Unsortierte Liste </title>
</head>
<body>
<h2> Verschachtelte Liste </h2>
<ol>
<li> Liste 1, Eintrag 1 </li>
<ul>
<li> Liste 2, Eintrag 1 </li>
<li> Liste 2, Eintrag 2 </li>
</ul>
<li> Liste 1, Eintrag 2 </li>
<ul>
<li> Liste 3, Eintrag 1 </li>
<li> Liste 3, Eintrag 2 </li>
```

```
</ul>
<li> Liste 1, Eintrag 3 </li>
</ol>
</body>
</html>
```

Im Beispiel habe ich das Tag ul der Liste 1 in das Tag ol geändert. Dadurch ist die Liste nun wieder nummeriert, die Unterlisten (Listen 2 und 3) erhalten nur einen Aufzählungspunkt.

Bei gemischten Listen musst du besonders darauf achten, welche Tags zusammengehören. Wenn man z.B. </ol> und </ul> vertauscht, weiß der Browser nicht, was zu welcher Liste gehört, und zeigt das Ergebnis falsch an.

Jetzt speichere die Änderungen als neue Datei mit dem Namen *list5.html* ab und sieh dir die Datei im Browser an. Wenn du willst, kannst du danach noch ein bisschen mit den Möglichkeiten spielen und das Ganze andersherum probieren. Die Liste 1 erhält einen Kreis zur Aufzählung und die Listen 2 und 3 werden nummeriert.

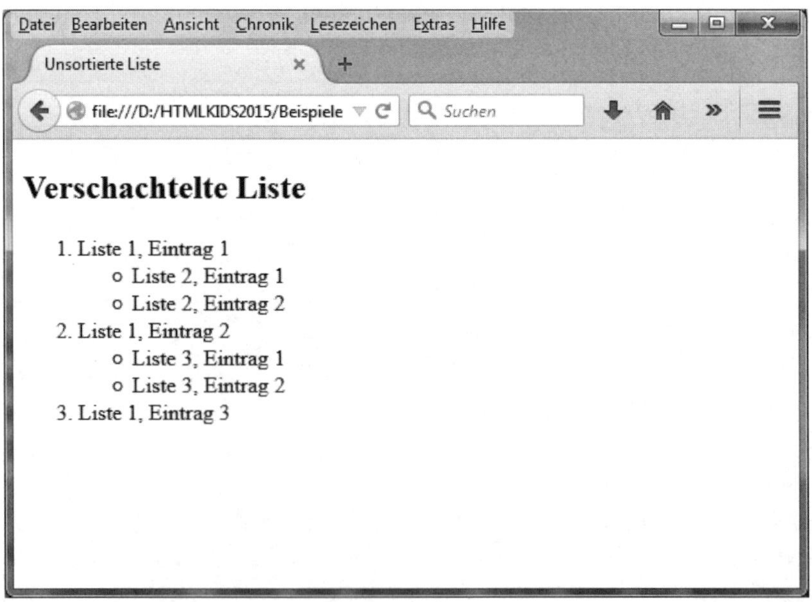

Eine sortierte Liste mit unsortierten Unterlisten

Glossar

Ein *Glossar* ist ein Fachbegriffsverzeichnis, das oft am Ende eines Buches steht. Dort werden dann die Fachbegriffe kurz erklärt. Wenn HTML dafür keine Funktion hätte, würde es hier keinen Abschnitt dazu geben, also zeige ich dir jetzt, wie es geht.

Die Tags für Glossare gehören bei HTML zum Bereich der Listen, sie sind eine Sonderform der Liste. Im Prinzip erfolgt der Einsatz der Tags auch genauso, wie bei du es bereits von den Listen kennst. Du verwendest nur andere Tags.

Ein Glossar erstellst du mithilfe des Tags dl. Das ist die Abkürzung für »*definition list*«, was englisch ist und Definitionsliste heißt. Zwischen den Tags <dl> und </dl>, die eine Liste öffnen und schließen, werden noch zwei weitere Tags benötigt. Es sind die Tags dt und dd.

Zwischen <dt> und </dt> werden die Begriffe geschrieben und zwischen <dd> und </dd> die dazugehörige Erklärung. Schau die das folgende Beispiel an, bevor du es abtippst, dann wird dir die Funktion klar.

```
<!DOCTYPE HTML>
<html>
<head>
<title> Glossar </title>
</head>
<body>
<h2> Glossar </h2>

<dl>
<dt> Begriff </dt>
<dd> Und hier innerhalb der Tags <i>dd</i> steht der Begriff, der
im Tag <i>dt</i> angegeben wurde. Das komplette Glossar wird
innerhalb des Tags <i>dl</i> definiert.</dd>
<dt> CSS </dt>
<dd> CSS ist die Abkürzung für ... Jetzt weißt du, wie es geht ...</dd>
</dl>

</body>
</html>
```

Das ist doch auch ganz einfach, oder? Wichtig ist, dass dein ganzes Glossar von <dl> und </dl> umschlossen wird.

Wenn du den Quelltext abgetippt hast, speichere ihn unter *list6.html* ab und schau dir die fertige Seite im Browser an. Die Erklärung eines Begriffs wird immer etwas eingerückt gegenüber dem Begriff angezeigt.

> Die Tags dt und dd müssen immer von <dl> und </dl> umschlossen sein, du kannst sie nicht außerhalb dieser Tags verwenden. Du musst aber zwischen <dl> und </dl> nicht alle beide verwenden.

Hast du dich schon gefragt, was passiert, wenn du das Tag dt nicht verwendest? Also keinen Begriff eingibst? Dann wird der Text auch eingerückt dargestellt. Dir fallen bestimmt noch andere Anwendungen als die des Glossars ein.

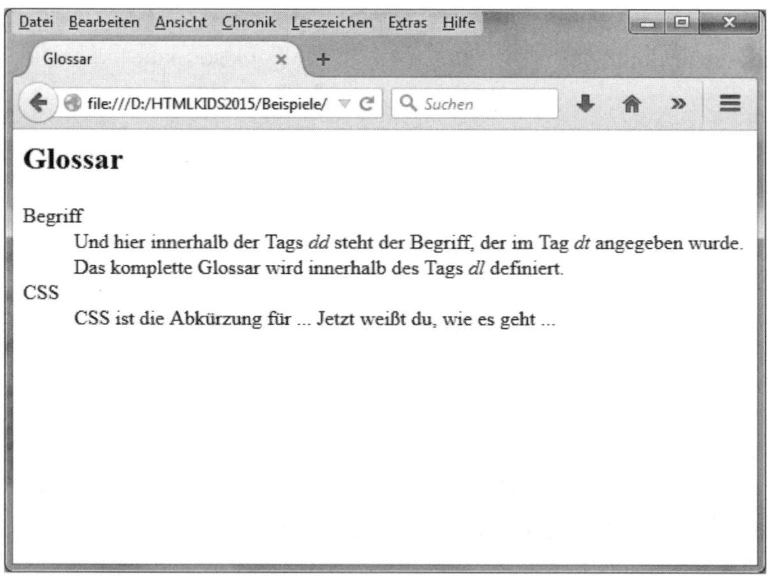

Ein Glossar mit HTML erstellt

... etwas mehr Stil bitte

Natürlich kannst du auch Listen mit CSS aufwerten. Du kannst alle CSS-Schlüsselwörter zur Textformatierung anwenden, Hintergründe festlegen und es gibt auch noch ein paar spezielle Schlüsselwörter zu Listen.

Listenzeichen

Je nachdem, ob du eine nummerierte Liste oder eine Aufzählungsliste erstellt hast, werden durch HTML verschiedene Listenzeichen eingesetzt. Diese kannst du mithilfe von CSS verändern. Darüber hinaus ist es auch möglich, gar kein Listenzeichen zu verwenden.

Das wird durch den Einsatz des Schlüsselworts `list-style-type` möglich. Der Einsatz könnte so aussehen:

```
ol
{
list-style-type: decimal
}
```

Hier im Beispiel wird für das Tag `ol` als Listenzeichen der Einsatz von *arabischen Ziffern* verwendet, also von ganz normalen Zahlen (z.B. 1, 2, 3 usw.). Dies bewirkt der eingesetzte Wert `decimal`.

Die Liste der möglichen Werte ist viel länger, doch chinesische, armenische Zahlen und Buchstaben wirst du nur selten benötigen. Es gibt hier für fast alle Sprachen die passenden Werte.

Nummerierte Listen

Du kannst anstelle von `decimal` auch folgende Werte einsetzen, um eine nummerierte Liste zu erzeugen:

- `none` – kein Listenzeichen
- `decimal` – arabische Ziffern
- `upper-roman` – römische Zahlen mit Großbuchstaben
- `lower-roman` – römische Zahlen mit Kleinbuchstaben
- `upper-alpha` – große Buchstaben
- `lower-alpha` – kleine Buchstaben

CSS unterscheidet zwischen den Werten für nummerierte und unnummerierte Listen.

Aufzählungslisten

Für eine unnummerierte Liste kann das dann so aussehen:

```
ul
{
list-style-type: circle
}
```

Anstelle des Wertes circle kannst du auch einen anderen Wert aus der folgenden Liste verwenden:

- none – kein Listenzeichen
- square – Rechteck
- disc – Punkt
- circle – Kreis

Du kannst auch dem Tag ol die Werte der Aufzählungsliste zuordnen und dem Tag ul die der nummerierten Liste. Es funktioniert immer.

Im folgenden Beispiel legst du für eine nummerierte Liste eine Nummerierung durch Großbuchstaben und für eine Aufzählungsliste ein Rechteck als Listenzeichen fest.

```
ol
{
list-style-type: upper-alpha
}
ul
{
list-style-type: square
}
```

Du kannst das Schlüsselwort list-style-type auch dem Tag li zuweisen. Dann würden alle Tags li mit dem gleichen Listenzeichen angezeigt werden, egal in welcher Liste sie stehen.

Oder du erstellst eine CSS-Datei für verschachtelte Tags. Dabei tritt die Stilvorlage genau dann in Kraft, wenn diese Verschachtelung zutrifft. Das würde dann wie folgt aussehen:

```
ol li
{
list-style-type: upper-alpha
}
ul li
{
list-style-type: square
}
```

In diesem Beispiel wird die erste Stilvorgabe genau dann angewendet, wenn das Tag `li` innerhalb des Tags `ol` vorkommt. Die zweite wird angewendet, wenn das Tag `li` innerhalb des Tags `ul` vorkommt.

Doch das ist ja nichts wirklich Neues für dich. Verschachtelte Tags hast du ja bereits kennengelernt.

Grafiken als Listenzeichen

Interessant ist die Möglichkeit, anstelle der vordefinierten Listenzeichen eigene Grafiken als Listenzeichen zu verwenden. Durch den gezielten Einsatz eigener Grafiken kannst du das Seitendesign erheblich aufwerten.

Die im Beispiel verwendete Datei *pfeil.gif* befindet sich auch bei den Beispieldateien. Doch google mal im Internet, da gibt es viele *Icons* für solche Zwecke zum Download.

Ein Listenzeichen ersetzt du durch eine Grafik, indem du das Schlüsselwort `list-style-image` verwendest. Wie das Ganze dann aussieht, zeigt dir das folgende Beispiel:

```
ol li
{
list-style-style: upper-alpha
}
ul li
{
list-style-image: url(pfeil.gif)
}
```

In diesem Beispiel wurde eine Grafik als Listenzeichen für die Aufzählungsliste eingebunden. Es wird dabei eine Grafikdatei mit dem Namen *pfeil.gif* verwendet.

Du solltest nur JPEG- oder GIF-Grafiken verwenden. Diese können von allen Browsern angezeigt werden.

Der Wert, der die einzubindende Datei festlegt, heißt `url()`. Du setzt ihn ein, indem du den Dateinamen der Grafikdatei zwischen die Klammern schreibst.

Achte darauf, dass du keine zu großen Grafikdateien verwendest, da dies dann nicht gut aussieht.

Die Abbildung zeigt dir, wie die Liste aus dem letzten Beispiel aussieht. Links siehst du die Liste ohne Grafik als Listenzeichen, rechts wurde die Grafik *pfeil.gif* wie im CSS-Quelltext angegeben eingesetzt. Die CSS-Datei wurde hier auf das Beispiel mit der Datei *list5.html* angewandt.

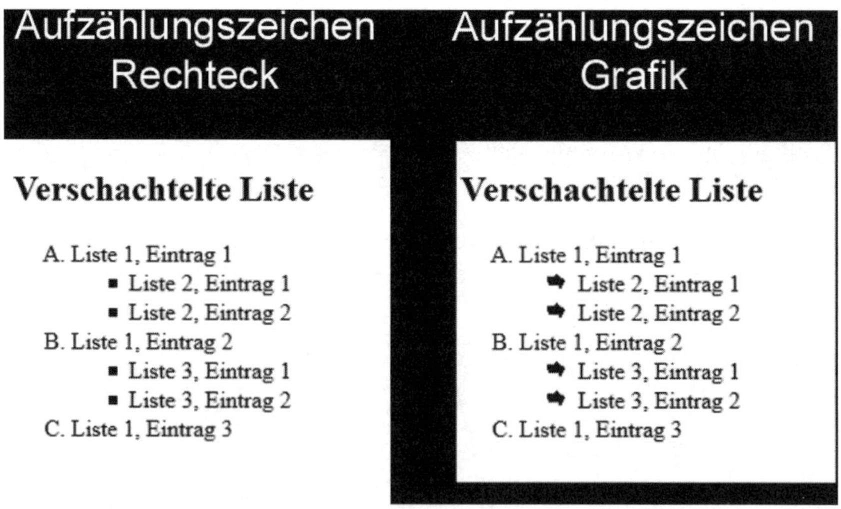

Listen mit und ohne Grafik

Einrücken von Listen

Gegenüber normalem Text ist der Text einer Liste immer etwas eingerückt. Diesen Einzug kannst du auch noch vergrößern.

Das Schlüsselwort list-style-position definiert die horizontale Ausrichtung des Textes. Das folgende Beispiel zeigt dir, wie du es einsetzt:

```
ol li
{
list-style-position: inside
}
ul li
{
list-style-position: outside
}
```

In diesem Beispiel wird die nummerierte Liste eingerückt und die Aufzählungsliste nur leicht eingerückt. Hier ist jeder der beiden erlaubten Werte einmal eingesetzt.

- inside – Die Liste wird eingerückt.
- outside – Die Liste wird nur leicht eingerückt.

Zusammenfassung

- Es gibt nummerierte Listen, die unsortierte Listen genannt werden und mit dem Tag ol definiert werden.
- Außerdem gibt es unsortierte Listen, die zwar ein Aufzählungszeichen haben, aber nicht nummeriert sind.
- Du kannst beide Listen-Arten kombinieren.
- Ein Glossar ist eine Sonderform der Liste.
- Mit CSS kannst du das Aussehen der Liste verändern.
- Du kannst die vordefinierten Listenzeichen durch Grafiken ersetzen.

Ein paar Fragen ...

1. Wie heißt das Tag für eine unsortierte Liste?
2. Wie legst du in HTML das Listenzeichen fest?
3. Welche Tags benötigst du, um ein Glossar zu erstellen?
4. Wie legst du mit CSS das Listenzeichen fest?

5. Und welches Schlüsselwort brauchst du, um eine Grafik als Listenzeichen zu verwenden?
6. Was must du beachten, wenn du eine Grafik als Listenzeichen verwendest?
7. Wie kannst du eine Liste weiter eingerückt darstellen?

... und zwei Aufgaben

1. Erstelle einen HTML-Quelltext, der zwei Listen enthält, eine sortierte mit vier Listeneinträgen und eine unsortierte mit fünf Listeneinträgen.
2. Erstelle zur Aufgabe 1 einen CSS-Quelltext, der Folgendes bewirken soll: Die Schriftart im gesamten Text soll *Arial* sein, die Schriftgröße in der sortierten Liste soll *12pt* sein, in der unsortierten *14pt*. Als Listenzeichen erhält die sortierte Liste *römische Zahlen* und die unsortierte Liste *Punkte*. Beide Listen sollen mit einer *dünnen Linie umrahmt* werden und der *Seitenhintergrund soll grau* sein.

9

Tabellen

Tabellen kennst du und bestimmt hast du auch schon welche auf Webseiten gesehen. Hast du dich schon mal gefragt, wie eine Tabelle erstellt wird? In diesem Kapitel erfährst du es. Und keine Angst, es ist einfacher, als es aussieht.

- Das Tabellengrundgerüst
- Rahmen für die Tabelle
- Tabellenüberschriften
- Anspruchsvolle Tabellen
- Tabellen mit CSS schöner machen

Tabellen-Grundlagen

Auch wenn du Tabellen nur selten brauchen wirst, gehört dieses Thema zu HTML. Und genauso, wie ein Bild deine Webseite auflockert, macht dies eine zum Thema passende Tabelle ebenso.

Die Tags für Tabellen sind wirklich nur dafür da, einfache Tabellen zu erstellen. Früher war das ganz anders. CSS steckte erst in den Kinderschuhen und wurde auf Webseiten nur wenig eingesetzt und da waren

Tabellen ein gutes Mittel, um das Seitendesign zu verfeinern. Doch heute brauchst du das nicht mehr, es ist sogar als schlechtes HTML verpönt.

Eine einfache Tabelle

Bevor du anfängst, eine Tabelle in HTML zu erstellen, musst du dir genau überlegen, was alles in die Tabelle soll. Wie viel Spalten brauchst du? Wie viel Zeilen werden benötigt? Du wirst am Anfang ein Grundgerüst erstellen, in das du dann die Daten der Tabelle hineinschreibst.

Um eine Tabelle zu definieren, musst du mehrere Tags einsetzen. Da ist zuerst das Tag `table`, das die Definition der gesamten Tabelle umschließt. Weiter brauchst du für jede Zeile der Tabelle das Tag `tr` und für jede einzelne Zelle in der Zeile das Tag `td`. Das Beispiel zeigt eine Tabelle mit nur einer Reihe und zwei Tabellenzellen.

```
<!DOCTYPE HTML>
<html>
<head>
<title> Tabellen </title>
</head>
<body>
<h2>Eine Tabelle</h2>

<table>
<tr>
<td> 1.Zeile - 1.Zelle </td>
<td> 1.Zeile - 2.Zelle </td>
</tr>
</table>

</body>
</html>
```

Tippe den Quelltext im Editor ab und speichere ihn mit dem Namen *tabelle1.html*.

Aber was hast du da überhaupt gemacht? Mit dem Tag *<table>* öffnest du die Tabellendefinition, `</table>` beendet die Definition der Tabelle. Das Tag `table` umschließt also die gesamte Tabelle, ähnlich wie das tag `body` den Inhalt der Seite umschließt.

Dann hast du mit `<tr>` die erste Zeile der Tabelle geöffnet und es folgen für jede einzelne Zelle dieser Reihe die Definitionen der Inhalte. Diese wurden durch <td> und </td> umschlossen. Nachdem du beide Zellen definiert hast, hast du die Zeile mit </tr> geschlossen.

Merke dir: <table> öffnet die Tabelle, <tr> öffnet eine Zeile der Tabelle und zwischen <td> und </td> steht der Inhalt einer Tabellenzelle. Die Zeile einer Tabelle schließt du mit </tr> und ganz am Ende der Tabelle steht immer </table>.

Es sieht komplizierter aus, als es ist. Jetzt lade die Datei *tabelle1.html* in deinem Browser. Es sollte wie in der Abbildung aussehen.

Die aktuellen Browser stellen eine Tabelle immer ohne sichtbaren Rahmen dar. Wie du an der Anzeige des ersten Beispiels im Browser siehst, sieht das dann, je nachdem was für einen Tabelleninhalt du hast, unübersichtlich aus.

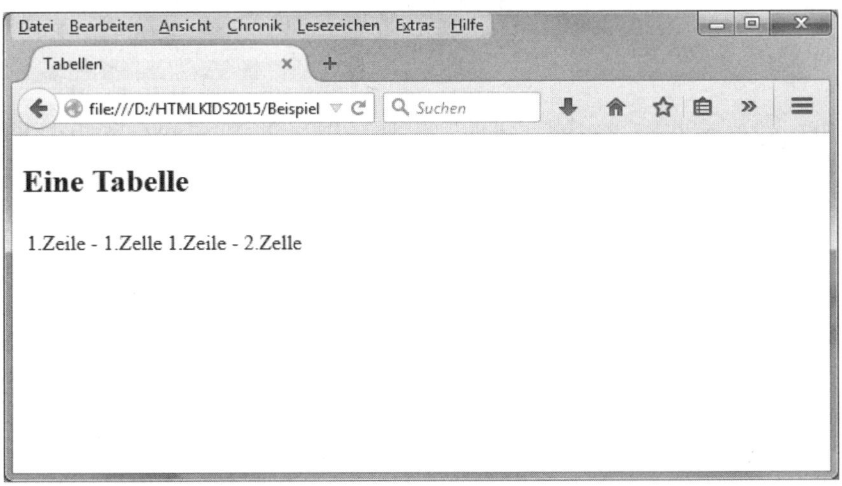

Die Tabelle mit einer Zeile und zwei Zellen

Ein Rahmen für die Tabelle

Wir werden der Tabelle noch einen Rahmen hinzufügen. So sind die folgenden Beispiele auch im Browser deutlich zu erkennen.

Rahmen und andere Formatierungen von Tabellen werden ausschließlich mit CSS umgesetzt.

Tippe den folgenden Quelltext im Editor ab und speichere ihn unter dem Namen *tabelle1.css* ab.

```
table
{
border-width: thin;
border-style: solid;
border-collapse: separate
}
tr
{
border-width: thin;
border-style: solid;
border-collapse: separate
}
td
{
border-width: thin;
border-style: solid;
border-collapse: separate
}
```

Die CSS-Schlüsselwörter `border-width` und `border-style` kennst du bereits aus dem Kapitel über Rahmen mit CSS. Neu ist für dich hier nur das Schlüsselwort `border-collapse`.

Es ist wichtig, dass du die Art des Rahmens und die Breite der Rahmenlinie mit den Schlüsselwörtern `border-width` und `border-style` festlegst. Das Schlüsselwort `border-collapse` alleine eingesetzt zeigt den Rahmen nicht an.

Das Schlüsselwort `border-collapse` legt fest, wie der Rahmen um die Tabelle gezogen wird. Es hat zwei mögliche Werte:

- `separate` – Die Tabelle und jede einzelne Zelle haben einen eigenen Rahmen (doppelte Linien).
- `collapse` – Ein Rahmen umschließt die Tabelle und unterteilt die einzelnen Zellen (einfache Linien).

Das Schlüsselwort `border-collapse` ist nur für die Rahmendefinition von Tabellen geeignet, du kannst es nicht bei anderen Tags anwenden!

Nun musst du nur noch den HTML-Quelltext so ändern, dass die CSS-Definition geladen wird. Füge dazu das Tag `link` im Dokumentenkopf hinzu.

```
<!DOCTYPE HTML>
<html>
<head>
<title> Tabellen </title>
<link rel="stylesheet" type="text/css" href="tabelle1.css">
</head>
<body>
<h2>Eine Tabelle</h2>
<table>
<tr>
<td> 1.Zeile - 1.Zelle </td>
<td> 1.Zeile - 2.Zelle </td>
</tr>
</table>
</body>
</html>
```

Speichere den Quelltext als *tabelle2.html* ab und sieh dir das Ergebnis im Browser an. Du siehst nun deutlich die Zellen der Tabelle.

Ein Rahmen um die Tabelle und alle Felder der Tabelle

Die Tabelle erweitern

Unser Beispiel war die kleinste mögliche Tabelle. Was ist, wenn du nun mehr Spalten und mehr Zeilen brauchst, was ja fast immer der Fall sein wird?

Wenn du eine weitere Spalte brauchst, dann fügst du einfach zwischen <tr> und </tr> ein weiteres <td></td> ein. Schon wird eine Zelle in dieser Zeile angehängt und du hast eine Spalte mehr.

Meist wirst du auch mehrere Zeilen brauchen. In dem Fall fügst du einfach einen ganzen Bereich mit <tr></tr> unter den vorhandenen Bereich ein.

Schau dir mal den Quelltext an, da ist eine weitere Spalte und eine zweite Zeile hinzugefügt.

```
<!DOCTYPE HTML>
<html>
<head>
<title> Tabellen </title>
<link rel="stylesheet" type="text/css" href="tabelle1.css">
</head>
<body>
<h2>Eine Tabelle</h2>
<table>
<tr>
<td> 1.Zeile - 1.Zelle </td>
<td> 1.Zeile - 2.Zelle </td>
<td> 1.Zeile - 3.Zelle </td>
</tr>
<tr>
<td> 2.Zeile - 1.Zelle </td>
<td> 2.Zeile - 2.Zelle </td>
<td> 2.Zeile - 3.Zelle </td>
</tr>
</table>
</body>
</html>
```

So kannst du die Tabelle beliebig erweitern. Hast du den Quelltext abgetippt oder das letzte Beispiel entsprechend geändert? Dann speichere ihn als *tabelle3.html* ab.

Achte darauf, dass in allen Zeilen gleich viele Zellen definiert sind. Du kannst auch leere Zellen ohne Inhalt hinzufügen. Doch jede Zeile muss gleich viele Zellen haben.

Und jetzt schau dir das Ergebnis im Browser an. Das sieht doch schon eher nach einer Tabelle aus.

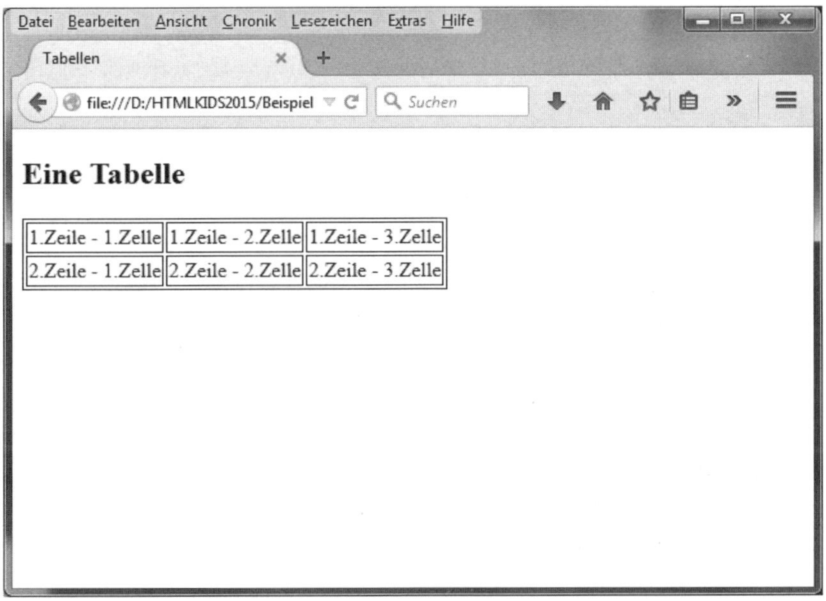

Eine Tabelle mit zwei Zeilen und jeweils drei Spalten

Die erste Zeile der Tabelle

Oft ist in Tabellen die erste Zeile fett dargestellt, da hier steht, was überhaupt in den jeweiligen Spalten einer Tabelle zu finden ist. Also z.B. Name, Vorname, Ort usw.

Wenn du das in deiner Tabelle auch so handhaben möchtest, dann kannst du das ganz einfach umsetzen. In der ersten Zeile verwendest du dann nicht das Tag td für jede einzelne Zelle, sondern das Tag th. Dies ist die Abkürzung vom englischen *table header*, was auf Deutsch Tabellenkopf heißt.

Du kannst das Tag th nicht nur für die erste Zeile einer Tabelle einsetzen. Genauso kannst du damit z.B. auch die erste Spalte markieren. Es lässt sich genauso einsetzen wie das Tag td.

Hier ein Beispiel, wie der Einsatz des Tags th aussehen kann:

```
<head>
<title> Tabellen </title>
</head>
<body>
<table>
<tr>
<th> Vorname </th>
<th> Name </th>
<th> Ort </th>
</tr>
<tr>
<td> Peter </td>
<td> Kaiser </td>
<td> Frankfurt </td>
</tr>
<tr>
<td> Leon </td>
<td> Meier </td>
<td> Hamburg </td>
</tr>
</table>
</body>
</html>
```

In diesem Beispiel wird die erste Zeile, also der Tabellenkopf, in fetter Schrift angezeigt. Die Daten der Tabelle werden normal angezeigt.

Das Ergebnis würde wie in der Abbildung aussehen. Da keinerlei Formatierungen mit CSS vorgenommen wurden, ist es nicht schön, zeigt aber deutlich die Auswirkungen des Tabellenkopfs.

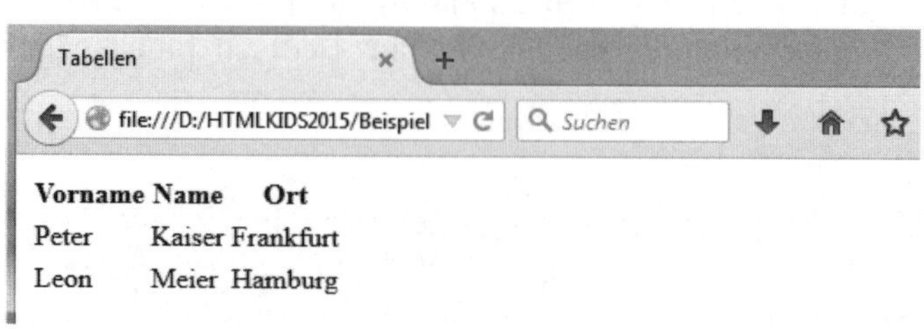

Eine Tabelle mit Kopfzeile

In Tabellenzellen kann nicht nur einfacher Text stehen. Als Inhalt kannst du auch Bilder einfügen oder du kannst den Textinhalt mit anderen Tags für Text markieren.

Tabellenüberschriften

Es ist üblich, dass Tabellen Überschriften haben, manchmal haben sie auch eine Unterschrift. HTML bietet dir hierfür ein Tag. Es ist das Tag caption. Schau dir das folgende Beispiel an, im Quelltext wurde nun eine Überschrift hinzugefügt.

```
<head>
<title> Tabellen </title>
<link rel="stylesheet" type="text/css" href="tabelle1.css">
</head>
<body>
<h2>Eine Tabelle</h2>
<table>
<caption> Ein Beispiel </caption>
<tr>
<td> 1.Zeile - 1.Zelle </td>
<td> 1.Zeile - 2.Zelle </td>
<td> 1.Zeile - 3.Zelle </td>
</tr>
<tr>
<td> 2.Zeile - 1.Zelle </td>
<td> 2.Zeile - 2.Zelle </td>
<td> 2.Zeile - 3.Zelle </td>
</tr>
</table>
</body>
</html>
```

Das Tag `caption` setzt du innerhalb des Tags `table` ein. Eigentlich logisch, denn es ist ja ein Teil der Tabellendefinition. Den Text der Überschrift schreibst du zwischen `<caption>` und `</caption>`.

Hast du die Zeile `<caption> Ein Beispiel </caption>` in den Quelltext eingefügt? Dann speichere den Quelltext mit dem Namen *tabelle4.html* ab und schau dir das Ergebnis im Browser an.

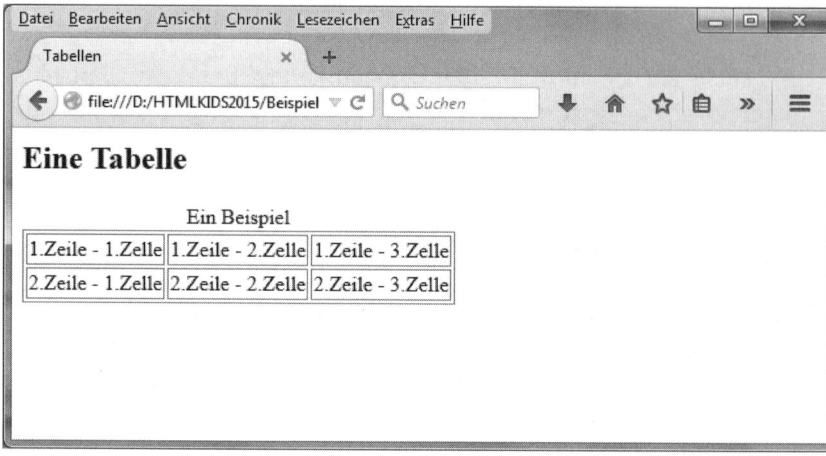

Die Tabelle mit Überschrift

Optionen der Tabellenüberschrift

Wenn du keine Formatierung zur Überschrift definierst, dann wird sie immer in der Mitte über der Tabelle angezeigt. Außerdem wird sie immer in der Standardschrift des Browsers angezeigt.

Du kannst den Text in der Tabellenüberschrift mit allen CSS-Schlüsselwörtern zur Textformatierung beliebig formatieren. Außerdem kannst du die Position der Überschrift ändern, dies erfolgt durch ein spezielles CSS-Schlüsselwort, das `caption-side` heißt.

Jetzt passen wir den CSS-Quelltext so an, dass aus der Tabellenüberschrift eine Tabellenunterschrift wird. Außerdem soll die Schriftart der Unterschrift *Arial* in der Schriftgröße *9pt* sein. Dazu musst du den CSS-Quelltext im Editor ergänzen.

```
table
{
border-width: thin;
border-style: solid;
border-collapse: separate
}
tr
{
border-width: thin;
border-style: solid;
border-collapse: separate
}
```

```
td
{
border-width: thin;
border-style: solid;
border-collapse: separate
}
caption
{
caption-side: bottom;
font-family: arial;
font-size: 9pt
}
```

Speichere die Änderungen ab. Du kannst den Dateinamen *tabelle1.css* beibehalten, denn dann brauchst du am HTML-Quelltext nichts zu ändern. Diese Datei wird ja bereits in die HTML-Datei eingebunden.

Hast du deinen Browser noch mit dem letzten Beispiel im Hintergrund geöffnet? Dann brauchst du nur auf AKTUALISIEREN zu klicken, um die Änderungen zu sehen.

Ansonsten lade die Datei *tabelle4.html* in den Browser und schau dir das Ergebnis an.

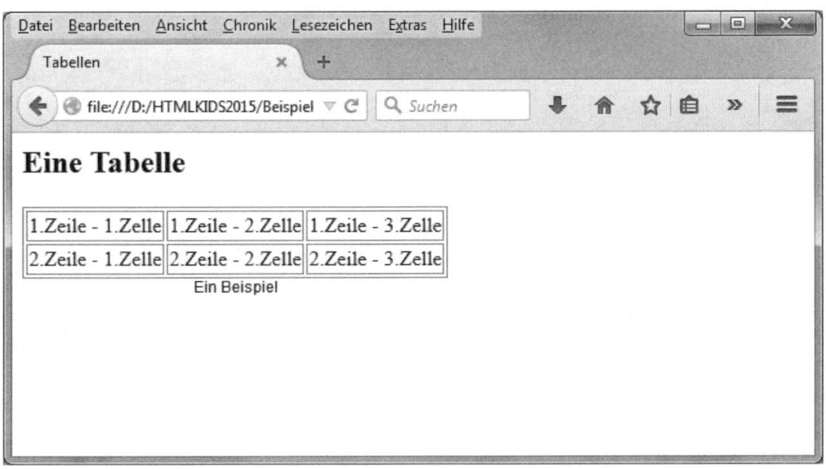

Eine Unterschrift unter der Tabelle

Das Schlüsselwort `caption-side` kann zwei Werte haben. Den Wert `bottom` hast du gerade im Beispiel verwendet, er erzeugt eine Unterschrift unter der Tabelle. Der zweite Wert lautet `top` und zeigt eine Überschrift oberhalb der Tabelle an.

Zellen verbinden

Die meisten Tabellen bestehen aus lauter gleich großen einzelnen Zellen. Doch manchmal ist es nötig, dass einzelne Zellen andere Größen haben.

Dazu gibt es bei HTML eine Technik, die *Spanning* genannt wird. So kannst du mehrere Zellen miteinander zu einer einzigen verbinden. Das Gesamtlayout der Zelle stimmt weiterhin, du bist aber viel flexibler in der Gestaltung der Tabelle. Dazu existieren zwei Attribute, die zusammen mit dem Tag td eingesetzt werden.

Zellen horizontal verbinden

Das Attribut colspan ermöglicht es dir, mehrere Zellen horizontal miteinander zu verbinden. Das Beispiel zeigt dir den Einsatz. Hier wurde das Attribut colspan hinzugefügt und die darauf folgende Zelle entfernt.

```
<head>
<title> Tabellen </title>
<link rel="stylesheet" type="text/css" href="tabelle1.css">
</head>
<body>
<h2>Eine Tabelle</h2>
<table>
<caption> Ein Beispiel </caption>
<tr>
<td colspan="2"> 1.Zeile - 1.Zelle </td>
<td> 1.Zeile - 3.Zelle </td>
</tr>
<tr>
<td> 2.Zeile - 1.Zelle </td>
<td> 2.Zeile - 2.Zelle </td>
<td> 2.Zeile - 3.Zelle </td>
</tr>
</table>
</body>
</html>
```

Der ersten Zelle in der oberen Zeile hast du das Attribut colspan hinzugefügt. Es hat den Wert 2. Das bedeutet, dass zwei Zellen miteinander verbunden werden. Dies geschieht immer von der aktuellen Zelle aus nach rechts. Als Wert ordnest du colspan immer die Anzahl der zu verbindenden Zellen zu.

> Es ist wichtig, dass du die Anzahl an entsprechenden Zellen dann auch entfernst, sonst steigt die Gesamtanzahl der Zellen und deine ganze Tabelle zerschießt.

Speichere den geänderten Quelltext nun als *tabelle5.html* ab und schau dir die Seite im Browser an. Deutlich siehst du, dass die erste und zweite Zelle in der ersten Zeile zu einer wurden und den gleichen Platz brauchen, den vorher beide Zellen einzeln benötigten.

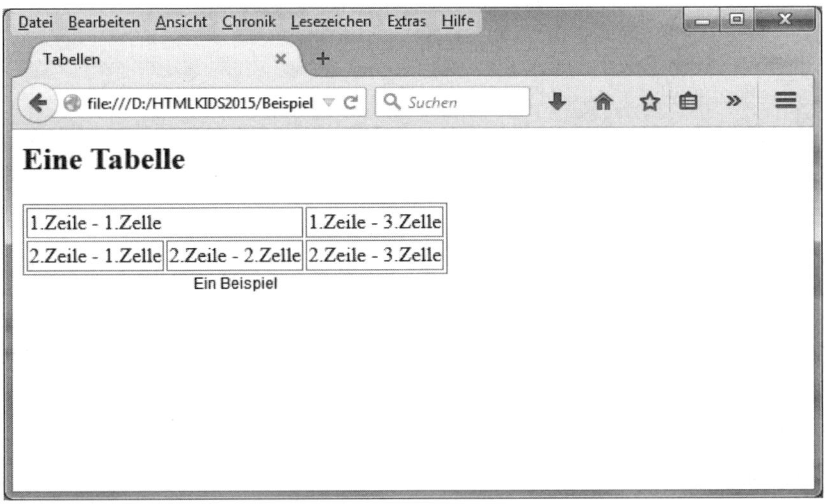

Zwei verbundene Zellen

Zellen vertikal verbinden

Du kannst Zellen nicht nur seitlich verbinden, sondern auch von oben nach unten. Es funktioniert im Prinzip genauso wie das horizontale Verbinden. Das dafür notwendige Attribut heißt `rowspan` und du gibst als Wert wieder die Anzahl der zu verbindenden Zellen ein. Hier wird dann von oben nach unten verbunden.

Tausche einfach im Quelltext das Attribut `colspan` gegen das Attribut `rowspan` aus. Du solltest allerdings die vorhin gelöschte zweite Zelle der ersten Zeile wieder hinzufügen, dafür aber die erste Zelle der zweiten Reihe löschen. Schau dir am besten den Quelltext genau an, bevor du ihn abtippst oder abänderst, und speichere ihn dann als *tabelle6.html* ab.

```
<head>
<title> Tabellen </title>
<link rel="stylesheet" type="text/css" href="tabelle1.css">
```

```
</head>
<body>
<h2>Eine Tabelle</h2>
<table>
<caption> Ein Beispiel </caption>
<tr>
<td rowspan="2"> 1.Zeile - 1.Zelle </td>
<td> 1.Zeile - 2.Zelle </td>
<td> 1.Zeile - 3.Zelle </td>
</tr>
<tr>
<td> 2.Zeile - 2.Zelle </td>
<td> 2.Zeile - 3.Zelle </td>
</tr>
</table>
</body>
</html>
```

Wenn du dir die HTML-Datei nun im Browser anzeigen lässt, sind nicht mehr die beiden nebeneinanderliegenden Zellen verbunden, sondern die beiden übereinanderliegenden.

Du kannst die Attribute `rowspan` und `colspan` auch miteinander kombinieren. Dazu fügst du sie einfach hintereinander in das Tag ein: `<td rowspan="2" colspan="2"> Tabelleninhalt </td>`.

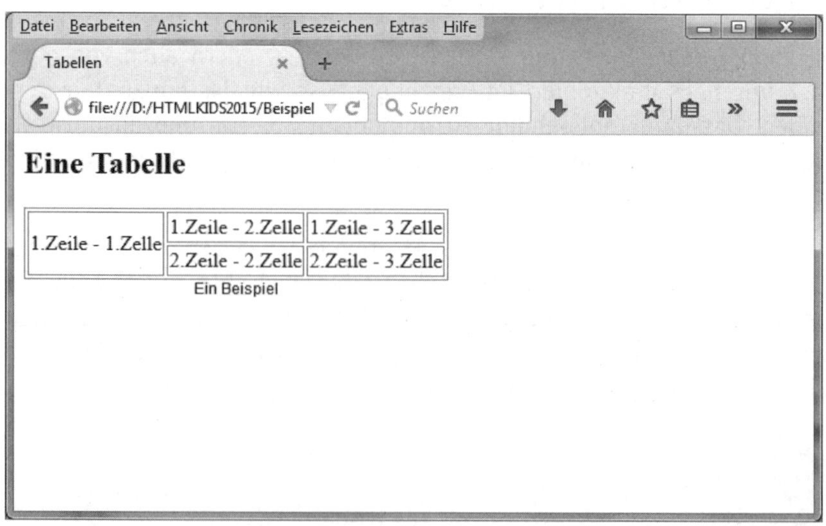

Vertikal verbundene Zellen

Tabellenstruktur

Du kannst deine Tabelle auch in einen Tabellenkopf, Tabellenkörper und Tabellenfuß einteilen. Besonders bei großen Tabellen ist das sinnvoll und es ermöglich auch, mit CSS mehr Einfluss auf die Anzeige im Browser zu nehmen.

Dazu gibt es drei weitere Tags, die nichts weiter machen, als die Tabelle in die drei Bereiche einzuteilen.

- thead – `<thead></thead>` umschließt den Tabellenkopf.
- tbody – `<tbody></tbody>` umschließt den Tabellenkörper.
- tfoot – `<tfoot></tfoot>` umschließt den Tabellenfuß.

> Jede Tabelle muss den Tabellenkörper haben. Du hast sicher bemerkt, dass wir dieses Tag bisher nicht verwendet habe. Das geht aber nur, wenn kein Tag `thead` oder `tfoot` eingesetzt wird. Dann ergänzt der Browser den Quelltext quasi automatisch.

Die grundsätzliche Struktur einer Tabelle sieht also folgendermaßen aus:

```
<table>
<thead> </thead>
<tbody> </tbody>
<tfoot> </tfoot>
</table>
```

Innerhalb der Tags `thead`, `tbody` und `tfoot` werden dann jeweils die Reihen und die Zellen definiert.

Am besten schaust du dir das folgende Beispiel einer Tabelle an.

```
<!DOCTYPE HTML>
<html>
<head>
<title> Tabellen </title>
<link rel="stylesheet" type="text/css" href="tabelle1.css">
</head>
<body>
<h2>Eine strukturierte Tabelle</h2>
<table>
```

```
<thead>
<tr>
<th> Bezeichnung 1 </th>
<th> Bezeichnung 2 </th>
<th> Bezeichnung 3 </th>
</tr>
</thead>
<tbody>
<tr>
<td> Zelle 1 </td>
<td> Zelle 2 </td>
<td> Zelle 3 </td>
</tr>
<tr>
<td> Zelle 4  </td>
<td> Zelle 5  </td>
<td> Zelle 6  </td>
</tr>
</tbody>
<tfoot>
<tr>
<td> Fußzeile 1 </td>
<td> Fußzeile 2 </td>
<td> Fußzeile 3 </td>
</tr>
</tfoot>
</table>
</body>
</html>
```

Im Quelltext ist nicht viel Neues. Einzig die Strukturierung der Tabelle verwendet die neuen Tags. Das ist doch ganz einfach, oder?

Wenn du das Beispiel abgetippt hast und mit dem Namen *tabelle7.htm* abgespeichert hast, sieh es dir im Browser an. Ist alles so, wie du es erwartet hast und in der Abbildung zu sehen ist? Oder ist etwas anders, als du es erwartet hast?

Richtig, der Rahmen um die erste Zeile sieht anders aus. Das liegt jedoch nicht daran, dass du die Tags zur Strukturierung der Tabelle eingesetzt hast, sondern daran, dass im Tabellenkopf nicht das Tag td verwendet wurde, sondern th. Und in unserer CSS-Datei haben wir dem Tag th noch keinen Rahmen zugewiesen.

Du fragst dich vielleicht, warum dann der Rahmen um die ganze Tabelle geht? Wir haben dem Tag `table` einen Rahmen zugewiesen und der geht um die gesamte Tabelle. Das Tag `td` hat auch einen Rahmen zugewiesen bekommen, also wird auch jede Zelle umrandet. Und in der Kopfzeile hat dann nicht jede Zelle einen eigenen Rahmen.

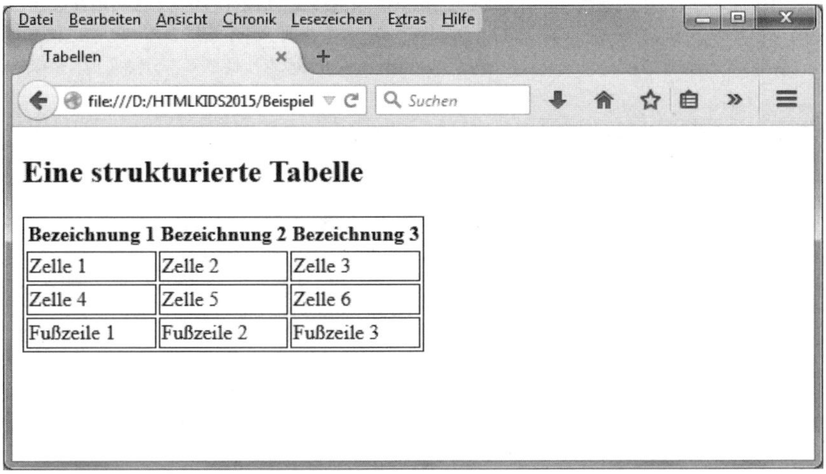

Tabelle mit Tabellenkopf und Fußzeile

Die Tabelle optisch pimpen

Um die gerade erstellte Tabelle nun etwas ansprechender aussehen zu lassen, brauchst du nur Änderungen an der CSS-Datei vorzunehmen.

> Um nicht jedes Mal auch die HTML-Datei bearbeiten zu müssen, werden die Änderungen am CSS-Quelltext alle abgespeichert, ohne den Namen zu ändern.

Hintergrundfarben für Zeilen

Du kennst bereits die Möglichkeit, Text mit einer Hintergrundfarbe oder auch mit einem Hintergrundbild zu versehen. Auf die gleiche Art kannst du auch einzelnen Tabellen oder Zeilen einen Hintergrund hinzufügen.

Mehr noch, du kannst auch den strukturierenden Tags `thead`, `tbody` und `tfoot` eine Hintergrundfarbe zuweisen. Das ist natürlich sehr praktisch, dass so die Tabellenstruktur auch für den Betrachter deiner Tabelle sichtbar ist.

Zum Anfang weist du dem Tabellenkopf eine Hintergrundfarbe zu. Im Beispiel wird der Bereich im Tabellenkopf mit einem gelben Hintergrund versehen.

Wenn du Hintergrundfarben verwendest, solltest du immer darauf achten, dass die Schrift noch gut lesbar ist. Der Hintergrund sollte bei dunkler Schrift hell sein oder umgekehrt.

Öffne jetzt die Datei *tabelle1.css* im Editor.

```
table
{
border-width: thin;
border-style: solid;
border-collapse: separate
}
tr
{
border-width: thin;
border-style: solid;
border-collapse: separate
}
td
{
border-width: thin;
border-style: solid;
border-collapse: separate
}
caption
{
caption-side: bottom;
font-family: arial;
font-size: 9pt
}
thead
{
background-color: yellow
}
```

Speichere den Quelltext, wenn du die Ergänzung hinzugefügt hast, und betrachte das Ergebnis im Browser.

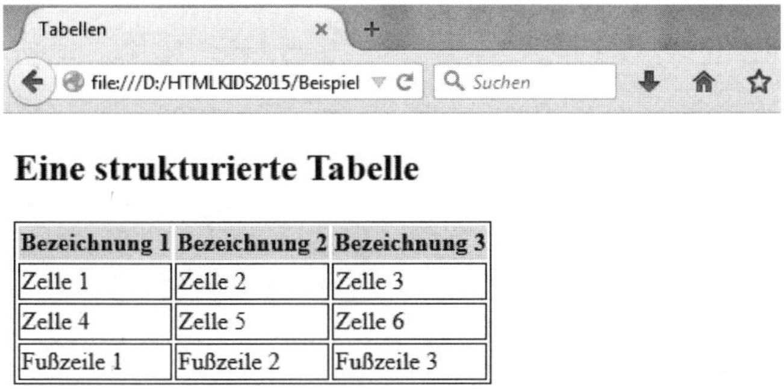

Der Tabellenkopf mit farbigem Hintergrund

Abstand von Tabellenzellen

In unserem Beispiel sieht das gar nicht so schlecht aus, da die Tabellenfelder nicht bis zum Rand mit Text gefüllt sind. Nur in der Kopfzeile kleben die Wörter etwas eng aufeinander. Da man das ändern kann, werden wir das jetzt auch tun.

Den Abstand zwischen den Tabellenzellen kannst du durch das Schlüsselwort `border-spacing` vergrößern oder verkleinern. Dabei gibst du den Abstand in Pixel (`px`) an.

Für unser Beispiel ergänzt du den CSS-Quelltext in der Definition zum Tag `table`.

```
table
{
border-width: thin;
border-style: solid;
border-collapse: separate;
border-spacing:15px
}
tr
{
border-width: thin;
border-style: solid;
border-collapse: separate
}
td
{
border-width: thin;
border-style: solid;
```

```
border-collapse: separate
}
caption
{
caption-side: bottom;
font-family: arial;
font-size: 9pt
}
thead
{
background-color: yellow
}
```

Nachdem du den Quelltext geändert und gespeichert hast, lädst du ihn im Browser. Der Unterschied sticht dir bestimmt sofort ins Auge.

Vergrößerter Abstand der Tabellenzellen

Weitere Optionen für Tabellen

Tabellenlayout

Entgegen dem, was die Überschrift vermutet, beeinflusst das Schlüsselwort `table-layout` nicht das Aussehen der Tabelle. Es optimiert den Aufbau der Tabelle beim Laden der Webseite.

Da Tabellen sowieso meist schnell geladen sind, brauchst du dieses Schlüsselwort nur zu verwenden, wenn du eine wirklich große Tabelle hast.

Du kannst das Schlüsselwort `table-layout` mit einem der beiden folgenden Werte verwenden:

- `auto` – Die Tabelle wird automatisch erstellt und die Höhe und die Breite der Tabelle ergibt sich aus dem Inhalt der Tabelle.
- `fixed` – Die Größe der Tabelle wird nicht errechnet, sondern die Werte werden übernommen. Das funktioniert nur, wenn für alle Tags der Tabelle Rahmen und Abstände definiert wurden.

Mit dem Wert `auto` kannst du eigentlich nichts falsch machen. Am besten verwendest du ihn immer.

Ein Beispiel könnte so aussehen:

```
table
{
table-layout: auto
}
```

Leere Tabellenzellen anzeigen lassen

Tabellenzellen ohne Inhalt werden nicht angezeigt. Je nachdem, wie die Tabelle formatiert ist, kann das unschön oder sogar verwirrend aussehen. Deshalb gibt es das Schlüsselwort `empty-cells`. Wird das im CSS-Quelltext eingesetzt, können leere Zellen durch einen Rahmen gekennzeichnet werden.

Der Einsatz des Schlüsselworts `empty-cells` kann für die ganze Tabelle (`table`) definiert werden, dann gilt die Definition für die ganze Tabelle. Aber auch ein Einsatz in den Bereichen Tabellenkopf (`thead`), Tabellenkörper (`tbody`) oder Tabellenfuß (`tfoot`) ist möglich.

Es gibt zwei Werte, die mit dem Schlüsselwort eingesetzt werden können:

- `show` – Zellen ohne Inhalt werden mit Rahmen angezeigt.
- `hide` – Zellen ohne Inhalt werden nicht angezeigt.

Ein Beispiel könnte im CSS-Quelltext wie folgt aussehen:

```
table
{
empty-cells: show
}
```

Zusammenfassung

Bevor man anfängt, eine Tabelle zu erstellen, muss man sich genau überlegen, wie die Tabelle aussehen soll. Das ist dir beim Durcharbeiten dieses Kapitels bestimmt klar geworden. Doch du hast sicher auch gemerkt, dass Tabellen kein Hexenwerk sind, wenn man ein paar Dinge beachtet.

- Die Definition einer Tabelle wird innerhalb der Tags `<table>` und `</table>` vorgenommen.
- Mit CSS kannst du die Rahmen der Tabelle sichtbar machen.
- Tabellenüberschriften und Beschriftungen, die unterhalb der Tabelle angezeigt werden, legst du mit dem Tag `caption` fest.
- Du kannst nicht nur starre Tabellen erstellen. Das sogenannte *Spanning* erlaubt es dir auch, Zellen über mehrere Spalten oder Zeilen auszudehnen.
- Du kannst auch Abstände definieren, dazu verwendest du das Schlüsselwort `border-spacing`.

Ein paar Fragen ...

1. Welches Tag benötigst du für die Tabellenkopfzeile?
2. Wie kannst du die Position der Tabellenüberschrift verändern?
3. Mit welchen zwei Tags kannst du Tabellenzellen verbinden?
4. Wie kannst du Tabellenzellen einen farbigen Hintergrund zuordnen?
5. Wie kannst du den Abstand des Tabelleninhalts zum Rand einer Zelle festlegen?
6. Wie kannst du leere Tabellenzellen als einzelne Zelle sichtbar machen?

... und ein paar Aufgaben

1. Erstelle eine Tabelle mit drei Spalten und drei Zeilen.
2. Füge der Tabelle aus der Aufgabe 1 eine Überschrift hinzu und lege die erste Zeile als Kopfzeile fest. Strukturiere die Tabelle mit den entsprechenden Tags.
3. Erstelle ein CSS, sodass die Zellen der Kopfzeile einen roten Hintergrund haben. Die nächste Zeile soll einen blauen Hintergrund erhalten. Die dritte Zeile einen grünen. Ein Tipp: Hier brauchst du nicht nur Wissen aus diesem Kapitel!

10

Dein eigenes Formular

Formulare in HTML werden für viele Zwecke eingesetzt. Klar, jeder denkt sofort an ein Kontaktformular und das ist sicher auch der häufigste Einsatzzweck. Aber auch Sucheingaben oder Passwortabfragen werden in HTML als Formular umgesetzt.

- Formularfelder zur Eingabe
- Auswahlkästchen für dein Formular
- Auswahlmenüs für dein Formular
- Schaltflächen zum Verschicken oder Löschen des Inhalts
- Das Formular per E-Mail abschicken
- Gestalte mit CSS dein ganz individuelles Formular

Formulare

Ein Kontaktformular auf deiner Internetpräsenz ist sicher eine tolle Sache. Für Formulare gibt viele fertige Lösungen, die meist sogar noch kostenlos sind und mehr Funktionen haben, als dir HTML und CSS bieten.

Doch du erfährst hier, wie du dein eigenes Formular erstellen kannst, denn vielleicht willst du es lieber selber machen. Außerdem werden die Formularfunktionen nicht nur für Kontaktformulare auf Webseiten verwendet, sondern überall, wo man auf einer Webseite etwas eingeben kann (z.B. Suchfunktionen oder Bestellformulare), wird das mit einer Formular-Funktion in HTML umgesetzt.

Meist wird der Formularinhalt dann durch andere Programme ausgewertet und verarbeitet. Es gibt aber auch die Möglichkeit, sich die eingegebenen Daten per E-Mail schicken zu lassen.

Die Grundstruktur des Formulars

Ein Formular wird von <form> und </form> umschlossen. Dazwischen wird dann das Formular mit all seinen Eingabefeldern definiert.

Die meisten Eingabefelder realisierst du dann mit dem Tag input. Grundsätzlich wird ein Formular also wie im folgenden Beispiel definiert. Du brauchst das nicht abzutippen, es ist nur die Grundstruktur und wird auf deiner Seite nichts anzeigen (außer der Überschrift).

```
<!DOCTYPE HTML>
<html>
<head>
<title> Formulare </title>
</head>
<body>
<h2>Ein Formular</h2>

<form>
<input>
<input>
</form>

</body>
</html>
```

Eingabefelder

Lass uns am besten gleich beginnen und ein Formular entwerfen. Gut eignet sich dafür ein Kontaktformular, dessen Struktur du dann auch für deine Homepage verwenden kannst.

Zuerst erstellen wir zwei Eingabefelder, eines, in das der Besucher seinen Namen eingeben kann und eines für seine E-Mail-Adresse.

Das Tag input wird nicht geschlossen, ist also ein leeres Element. Alle möglichen Optionen werden durch Attribute mit dem Tag definiert.

```
<!DOCTYPE HTML>
<html>
<head>
<title> Formulare </title>
</head>
<body>
<h2>Ein Formular</h2>
<form>
Name: <input id="name">
E-Mail:<input id="email">
</form>
</body>
</html>
```

Tippe das Beispiel ab und schau dir den Quelltext zwischen <form> und </form> genau an.

Neu für dich ist das Tag input mit dem Attribut id. Das erzeugt ein Eingabefeld.

> Das Attribut id muss angegeben werden und als Wert einen Namen erhalten, den du frei wählen kannst. Wichtig ist nur, dass jedes Tag input in deinem Formular einen Namen erhält, den kein anderes Feld hat. Der Name muss immer in Anführungszeichen stehen!

Speichere jetzt den Quelltext als *form1.html* ab und lasse dir das HTML-Dokument im Browser anzeigen.

Ein Formular mit 2 Eingabefeldern

Du siehst, dass der Text direkt vor den Eingabefeldern angezeigt wird. So einfach kannst du die Eingabefelder beschriften.

Beschriftung

Du hast die Felder bereits beschriftet und das funktioniert auch. Doch es gibt ein spezielles Tag dafür und es macht auch Sinn, das einzusetzen. Es ist das Tag label und die Beschriftung wird einfach zwischen <label> und </label> geschrieben. Ändere gleich mal den Quelltext entsprechend ab:

```
<!DOCTYPE HTML>
<html>
<head>
<title> Formulare </title>
</head>
<body>
<h2>Ein Formular</h2>
<form>
<label>Name:</label>
<input id="name">
<label>E-Mail:</label>
<input id="email">
</form>
</body>
</html>
```

Speichere ihn nun unter dem gleichen Namen (*form1.html*) ab. Am Aussehen im Browser hat sich nichts verändert.

Du solltest für die Beschriftung der Eingabefelder immer das Tag label verwenden. Wenn du CSS auf das Formular anwendest, ist es wichtig, dass die Beschriftung durch <label> und </label> umschlossen ist.

Feldarten

Du kannst auch festlegen, was für Daten ein Besucher deiner Homepage in die Felder eingeben darf. Darf dort Text hineingeschrieben werden oder nur Zahlen? Das setzt du mit dem Attribut type um; indem du das dem

Tag input hinzufügst, bestimmst du, welche Daten dort eingetragen werden können.

Im folgenden Beispiel werden beide Eingabefelder für freie Texteingabe zugelassen.

```
<!DOCTYPE HTML>
<html>
<head>
<title> Formulare </title>
</head>
<body>
<h2>Ein Formular</h2>
<form>
<label>Name:</label>
<input type="text" id="name">
<label>E-Mail:</label>
<input type="text" id="email">
</form>
</body>
</html>
```

Nimm die Änderungen am Quelltext vor und speichere ihn mit dem Namen *form2.html* ab. In den Browser brauchst du ihn nicht zu laden, es sieht genauso aus wie bisher.

Der im Quelltext verwendete Wert text für das Attribut type erlaubt die Eingabe aller möglichen Zeichen, wie Buchstaben, Zahlen und Sonderzeichen. Es gibt noch weitere erlaubte Werte, die folgenden drei sind für die Texteingabe interessant.

- date – Dieser Wert erlaubt die Eingabe eines Datums.
- int – Der Wert erlaubt die Eingabe von Zahlen.
- passwort – Diesen Wert kannst du verwenden, wenn du ein Passwort-Eingabefeld definierst. Das eingegebene Passwort ist dann während der Eingabe nicht sichtbar.

Festlegen der Feldgrößen

Du kannst auch die Größe der Eingabefelder definieren. Das ist durchaus sinnvoll, da die Größe der Felder ein wichtiges Layout-Kriterium ist. Außerdem könnte die Standardlänge der Felder zu klein sein.

Auch die Feldgröße legst du mit einem Attribut fest, es heißt `size` (engl. Größe).

> Dieses Attribut bestimmt nicht, wie viel Text der Besucher in dieses Feld eingeben kann, sondern nur, wie viele Zeichen im Feld sichtbar sind.

Du kannst auch noch festlegen, wie viele Zeichen der Benutzer in das Feld eingeben darf. Auch das ist sinnvoll, denn du möchtest ja nicht, dass z.B. beim Eingabefeld für den Namen ein ganzer Brief reingeschrieben wird, sondern nur der Name.

Die erlaubte Anzahl an Zeichen legst du mit dem Feld `maxlength` (engl. für maximale Länge) fest. Beide werden nun im nächsten Beispiel eingesetzt. Ergänze dazu einfach deinen Quelltext beim Tag `input`.

```
<!DOCTYPE HTML>
<html>
<head>
<title> Formulare </title>
</head>
<body>
<h2>Ein Formular</h2>
<form>
<label>Name:</label>
<input type="text" id="name" size="15" maxlength="50">
<label>E-Mail:</label>
<input type="text" id="email" size="35" maxlength="40">
</form>
</body>
</html>
```

Als Wert wird einfach die gewünschte Anzahl an Zeichen als Zahl in Anführungszeichen angegeben. Das war's schon. Speichere nun den Quelltext als *form3.html* ab und sieh es dir im Browser an. Wie du siehst, hat sich die Länge der Textfelder verändert.

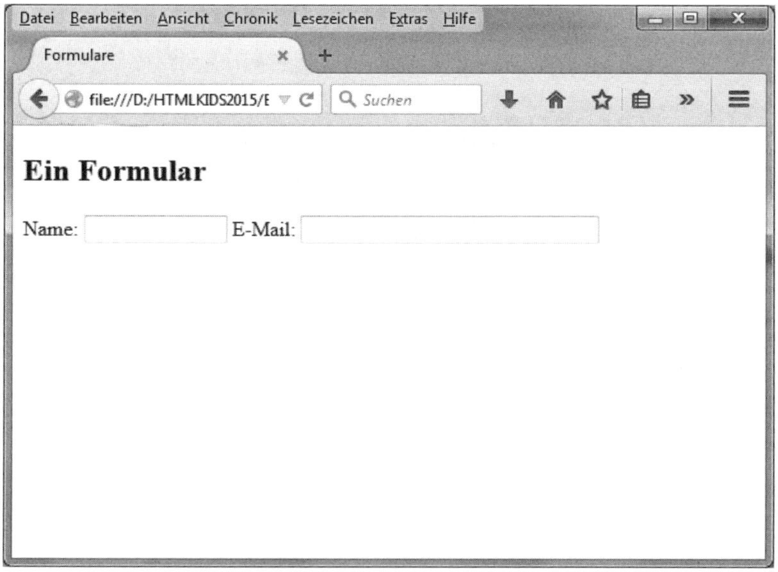

Größe der Eingabefelder angepasst

Ich habe die Feldgrößen so gewählt, damit der Unterschied deutlich sichtbar ist. Tatsächlich sind 15 Zeichen beim Namen natürlich zu kurz. Denke immer daran, dass es auch lange Namen gibt. Für den Namen (Vorname und Nachname) solltest du das Feld mindestens 30 Zeichen groß machen.

Probiere es doch mal aus und tippe etwas in die Eingabefelder. Du wirst sehen, dass du nicht mehr als 40 Zeichen hineintippen kannst.

Kontrollkästchen und Optionsfelder

Oft siehst du Formulare, die kleine Kreise oder Rechtecke enthalten, die man mit der Maus auswählen kann. Hier erfährst du, wie du sie in dein eigenes Formular einbinden kannst.

Kontrollkästchen werden auch *Checkboxen* genannt. Es sind kleine rechteckige Kästchen, die durch Anklicken ausgewählt werden können. Es können beliebig viele Kontrollkästchen ausgewählt werden.

Das Tag für die Einbindung eines Kontrollkästchens oder eines Optionsfelds kennst du bereits, es ist wieder das Tag `input`. Sogar das benötigte

Attribut ist nicht neu, es ist das Attribut type. Du brauchst lediglich noch zwei neue Werte.

Optionsfelder sind kleine Kreise, die man ebenfalls anklicken kann, um eine Option auszuwählen. Bei den Optionsfeldern im Formular kann aber immer nur eins ausgewählt werde. Optionsfelder werden oft auch *Radiobuttons* genannt.

Für ein Kontrollkästchen verwendest du den Wert "checkbox" und für ein Optionsfeld den Wert "radio". Du benötigst noch das Attribut value. Auch hier kannst du den Wert wieder selber festlegen wie bei id. Wichtig ist wieder, dass kein Wert doppelt vorkommt. Das Beispiel macht die Verwendung deutlich.

Du kannst bei Kontrollkästchen und Optionsfeldern Namen doppelt vergeben. Alle Optionsfelder, die beim Attribut id den gleichen Wert haben, gehören zu einer Gruppe und aus all denen kann dann nur eine Option ausgewählt werden. Gibst du jedem Optionsfeld einen anderen Namen, dann können auch alle ausgewählt werden!

```
<!DOCTYPE HTML>
<html>
<head>
<title> Formulare </title>
</head>
<body>
<h2>Ein Formular</h2>
<form>
<label>Name:</label>
<input type="text" id="name" size="15" maxlength="50">
<label>E-Mail:</label>
<input type="text" id="email" size="35" maxlength="40">

<br>
<input type="radio" id="umfrage" value="Tolle_Seite">
<label>Mir gefällt Deine Seite</label>
<br>
<input type="radio" id="umfrage" value="Doofe_Seite">
<label>Mir gefällt Deine Seite nicht</label>
```

```
<hr>
<input type="checkbox" id="umfrage1" value="Tolle_Seite1">
<label>Mir gefällt Deine Seite</label>
<br>
<input type="checkbox" id="umfrage1" value="Doofe_Seite1">
<label>Mir gefällt Deine Seite nicht</label>

</form>
</body>
</html>
```

Wie du im Quelltext siehst, erfolgt der Einsatz genauso wie bei den Eingabefeldern. Ich habe hier nur den Text hinter die Kontrollkästchen und Optionsfelder geschrieben, denn die Kästchen sollen vor dem Text stehen.

Bei den Optionsfeldern habe ich den gleichen Wert beim Attribut `id` hineingeschrieben, denn es soll nur ein Optionsfeld auswählbar sein.

> Das Tag `br` habe ich im Quelltext eingefügt, weil die Eingabefelder sonst alle nebeneinander angezeigt werden. Du erinnerst dich bestimmt, das Tag `br` erzeugt einen Zeilenumbruch.

Hast du den Quelltext abgetippt bzw. entsprechend ergänzt? Dann speichere ihn jetzt ab und verwende dazu den Namen *form4.html*.

Wenn du alles richtig gemacht hast, sieht es im Browser genauso aus wie in der Abbildung.

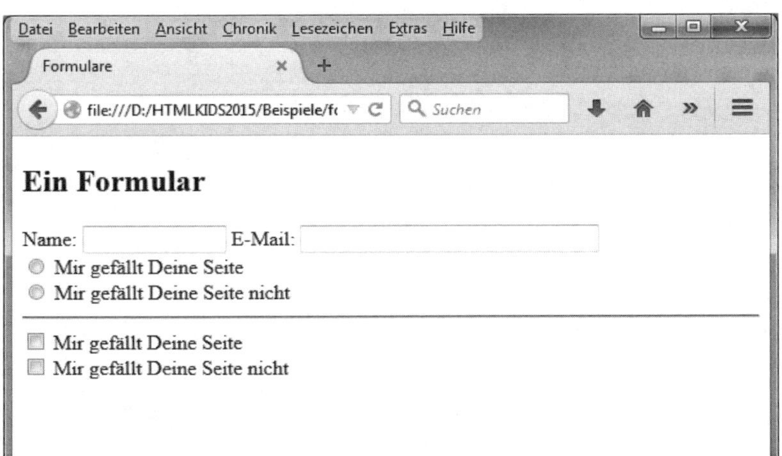

Das Formular mit Kontrollkästchen und Optionsfeldern

Listenfelder

Listenfelder, die auch *Selektionsfelder* genannt werden, sind eine weitere Möglichkeit, dem Besucher eine Auswahl an verschieden Antworten anzubieten.

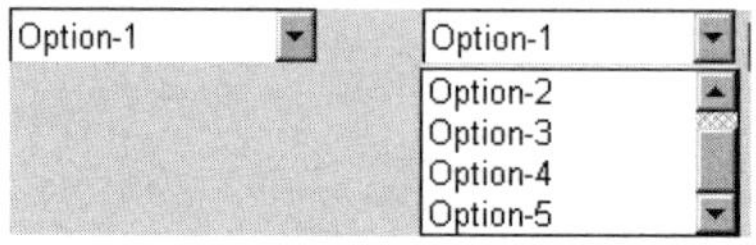

Listenfelder: Links im Grundzustand, rechts nach dem Anklicken

Ein Listenfeld zeigt dabei eine Antwort in einem Kästchen, wird dieses angeklickt, dann öffnet sich die ganze Liste aller möglichen Antworten. Du kannst auch festlegen, ob der Besucher nur eine oder mehrere Antworten auswählen kann.

Ergänze nun den Quelltext deiner Seite um ein Listenfeld. Dazu benötigst du zwei neue Tags. Das Tag `select` öffnet ein Listenfeld und das Tag `option` legt die einzelnen Optionen fest.

```
<!DOCTYPE HTML>
<html>
<head>
<title> Formulare </title>
</head>
<body>
<h2>Ein Formular</h2>
<form>
<label>Name:</label>
<input type="text" id="name" size="15" maxlength="50">
<label>E-Mail:</label>
<input type="text" id="email" size="35" maxlength="40">
<br>
<input type="radio" id="umfrage" value="Tolle_Seite">
<label>Mir gefällt Deine Seite</label>
<br>
<input type="radio" id="umfrage" value="Doofe_Seite">
<label>Mir gefällt Deine Seite nicht</label>
<hr>
<input type="checkbox" id="umfrage1" value="Tolle_Seite1">
<label>Mir gefällt Deine Seite</label>
<br>
```

```
<input type="checkbox" id="umfrage1"
value="Doofe_Seite1">
<label>Mir gefällt Deine Seite nicht</label>

<hr>
<select id="liste">
<option>Mir gefällt Deine Seite</option>
<option>Mir gefällt Deine Seite nicht</option>
</select>

</form>
</body>
</html>
```

Wie du siehst, wird jetzt der Text, den du zur Vorauswahl anbietest, zwischen `<option>` und `</option>` geschrieben. Dabei kannst du beliebig viele Tags `option` verwenden. Das Attribut `id` ist vorgeschrieben und du musst es auch wieder beim Attribut `select` mit angeben.

> Die Größe des Listenfelds wird automatisch durch den Text festgelegt.

Nun speichere die Änderung am Quelltext ab und verwende dabei den Namen *form5.html*. Betrachte dann das Ergebnis im Browser.

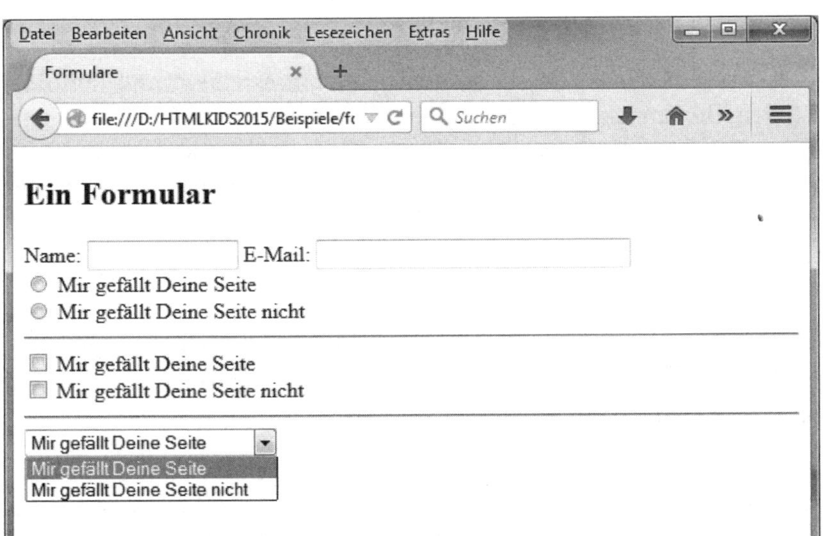

Das Formular mit geöffnetem Listenfeld

Du kannst noch ein paar Einstellungen festlegen, die die Anzeige im Browser oder die Auswahlmöglichkeit betreffen. Das machst du über Attribute beim Tag select.

Anzahl der sichtbaren Einträge festlegen

Das Attribut size erlaubt es dir, festzulegen, wie viele Einträge der Optionen sichtbar sind, bevor ein Besucher mit dem Mauszeiger darauf klickt. Gibst du diesen Wert nicht an, wird immer ein Eintrag angezeigt (so wie in unserem Beispiel). Wenn du zwei Einträge sichtbar haben möchtest, dann müsste die Zeile im Quelltext lauten:

```
<select name="liste" size="2">
```

Du setzt als Wert für das Attribut also einfach die gewünschte Zahl ein.

Mehrfachauswahl ermöglichen

Vielleicht möchtest du deinem Besucher auch erlauben, mehr als eine Option auszuwählen. Dazu gibst du beim Tag select dann das Attribut multiple an. Du kannst durch den Wert dann festlegen, wie viele Optionen der Besucher auswählen kann. Wenn der Besucher drei Einträge auswählen können soll, sähe die Zeile im Quelltext so aus:

```
<select name="liste" multiple="3">
```

Als Wert setzt du wieder für das Attribut die gewünschte Zahl ein.

Das Attribut »value«

Dieses Attribut kennst du schon von den Optionsfeldern und Kontrollkästchen. Du kannst es auf die gleiche Weise auch beim Tag select einsetzen. Das ist nicht unbedingt nötig, es wird nur gebraucht, falls das Formular automatisch durch eine Skriptsprache, z.B. PHP, ausgewertet werden soll.

Eine Vorauswahl festlegen

Du kannst auch festlegen, dass der Besucher zwar Einträge auswählen kann, du aber bestimmst, dass eine oder mehrere Einträge automatisch ausgewählt sind.

Möchtest du einen Eintrag als Vorauswahl festlegen, dann gibst du beim gewünschten Eintrag beim Tag option das Attribut selected an. Dieses Attribut hat keinen Wert und wird wie folgt eingesetzt:

```
<option selected> Option1 </option>
```

Das war's, einfach beim öffnenden Tag selected reinschreiben und dieser Eintrag ist automatisch ausgewählt.

> Der Einsatz des Attributs selected macht nur Sinn, wenn gleichzeitig beim Tag select das Attribut multiple angegeben wird. Sonst kann dein Besucher ja nichts auswählen.

Mehrzeilige Textfelder

Bestimmt hast du auf Webseiten auch schon diese großen Textfelder gesehen, in die man eine Nachricht schreiben kann. In einem Kontaktformular sind sie sehr wichtig, denn was nützt dir der Name und die E-Mail-Adresse eines Besuchers, wenn du gar nicht weißt, was er will.

Ein solches Textfeld erstellst du mit dem Tag textarea. Das Attribut id muss auch hier wieder zwingend angegeben werden und kein anderes Feld darf den gleichen Namen haben.

Du solltest auf jeden Fall auch noch die Größe des Textfeldes festlegen, da ansonsten nur ein ganz kleines Feld angezeigt wird, das kaum größer als die Textfelder für Name und E-Mail ist. Die Größe legst du mit den Attributen cols und rows fest.

Schau dir das Beispiel an, dann siehst du, wie einfach das geht.

```
<!DOCTYPE HTML>
<html>
<head>
<title> Formulare </title>
</head>
<body>
<h2>Ein Formular</h2>
<form>
<label>Name:</label>
<input type="text" name="name" size="15" maxlength="50">
<label>E-Mail:</label>
<input type="text" name="email" size="35" maxlength="40">
<br>
<input type="radio" name="umfrage" value="Tolle_Seite">
<label>Mir gefällt Deine Seite</label>
<br>
```

```
<input type="radio" name="umfrage" value="Doofe_Seite">
<label>Mir gefällt Deine Seite nicht</label>
<hr>
<input type="checkbox" name="umfrage1"
value="Tolle_Seite1">
<label>Mir gefällt Deine Seite</label>
<br>
<input type="checkbox" name="umfrage1"
value="Doofe_Seite1">
<label>Mir gefällt Deine Seite nicht</label>
<hr>
<select>
<option>Mir gefällt Deine Seite</option>
<option>Mir gefällt Deine Seite nicht</option>
</select>

<br>
<hr>
<div> Deine Nachricht: </div>
<textarea name="nachricht" cols="50" rows="10">
Ich freue mich über eine Nachricht.
</textarea>

</form>
</body>
</html>
```

Neu sind die Attribute cols und rows. Mit cols legst du die Anzahl der Zeichen fest, die in einer Reihe angezeigt werden, und mit rows die Anzahl der Zeilen. Dazu gibst du einfach die gewünschte Zahl in Anführungszeichen als Wert an.

Bestimmt ist dir auch aufgefallen, dass das Tag textarea im Gegensatz zum Tag input ein schließendes Tag hat. Und das Tolle daran ist, dass du dazwischen Text schreiben kannst, der dann bereits im Eingabefeld angezeigt wird. Der Besucher deiner Seite kann diesen Text natürlich überschreiben.

Der Cursor im Feld von textarea steht am Ende des Textes, den du zwischen <textarea> und </textarea> geschrieben hast. Wenn du möchtest, dass er immer am Anfang des Feldes steht, dann darf nichts zwischen den beiden Tags stehen. Nicht mal ein Leerzeichen.

Hast du den Text schon abgespeichert? Verwende hierfür den Namen *form6.html*. Langsam wird das Formular komplett. Doch da fehlt doch noch etwas? Richtig, das Formular kann noch gar nicht abgeschickt werden!

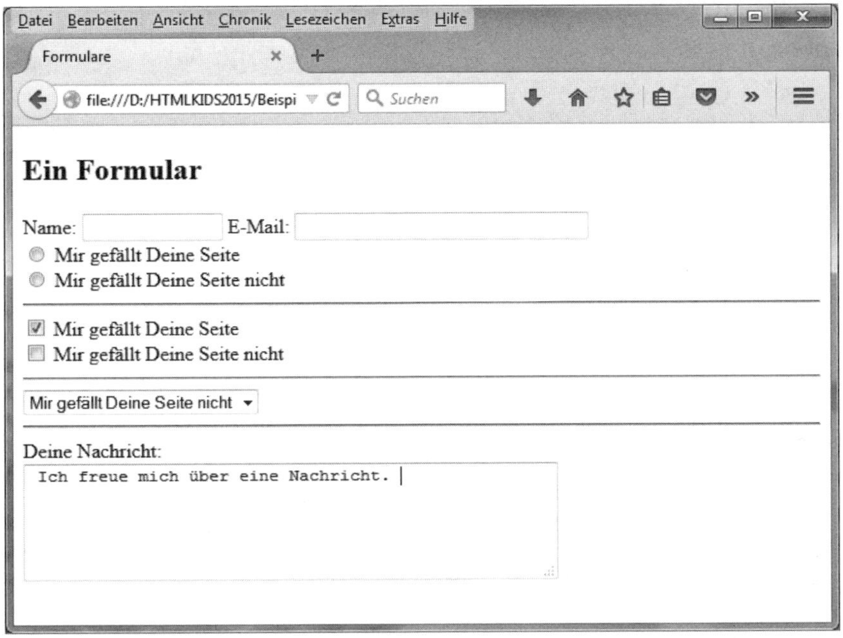

Das Formular mit einem großen Texteingabefeld

Schaltflächen

Damit der Inhalt des Formulars überhaupt abgeschickt werden kann, brauchst du zumindest eine Schaltfläche (Button), auf die der Nutzer klicken kann. Du hast das bestimmt schon oft gesehen. Meist steht auf dieser Schaltfläche SENDEN oder ABSCHICKEN.

Oft gibt es noch eine zweite Schaltfläche, die den eingegebenen Inhalt wieder löscht, und die heißt dann RESET oder LÖSCHEN.

Wir ergänzen jetzt den Quelltext noch um zwei Schaltflächen, die genau das tun. Du wirst gleich sehen, dass das nichts Neues für dich ist.

Du verwendest wieder das Tag `input` und die bereits bekannten Attribute `type` und `value`. Nur die Werte haben sich geändert.

```
<!DOCTYPE HTML>
<html>
<head>
<title> Formulare </title>
```

```
</head>
<body>
<h2>Ein Formular</h2>
<form>
<label>Name:</label>
<input type="text" name="name" size="15" maxlength="50">
<label>E-Mail:</label>
<input type="text" name="email" size="35" maxlength="40">
<br>
<input type="radio" name="umfrage" value="Tolle_Seite">
<label>Mir gefällt Deine Seite</label>
<br>
<input type="radio" name="umfrage" value="Doofe_Seite">
<label>Mir gefällt Deine Seite nicht</label>
<hr>
<input type="checkbox" name="umfrage1"
value="Tolle_Seite1">
<label>Mir gefällt Deine Seite</label>
<br>
<input type="checkbox" name="umfrage1"
value="Doofe_Seite1">
<label>Mir gefällt Deine Seite nicht</label>
<hr>
<select>
<option>Mir gefällt Deine Seite</option>
<option>Mir gefällt Deine Seite nicht</option>
</select>
<br>
<hr>
<div> Deine Nachricht: </div>
<textarea name="nachricht" cols="50" rows="10">
Ich freue mich über eine Nachricht.
</textarea>

<br>
<input type="submit" value="senden">
<input type="reset" value="löschen">

</form>
</body>
</html>
```

Ergänze deinen Quelltext, dass er so aussieht wie unser Beispiel. Die Schaltfläche für das Senden des Formularinhalts wird durch den Wert submit erreicht. Der Wert reset erzeugt eine Schaltfläche, die die Eingaben in das Formular wieder löscht.

Das Attribut id, das du bisher immer angeben musstest, brauchst du hier nicht!

Das Attribut value legt fest, welcher Text auf den Schaltflächen der Webseite zu sehen ist. Er legt die Beschriftung fest. Es ist also wichtig, dass du hier sinnvolle Werte angibst.

Speichere den geänderten Quelltext jetzt mit dem Namen *form7.html* ab und betrachte das Ergebnis im Browser. Jetzt hat das Formular alles, was es braucht – zumindest optisch.

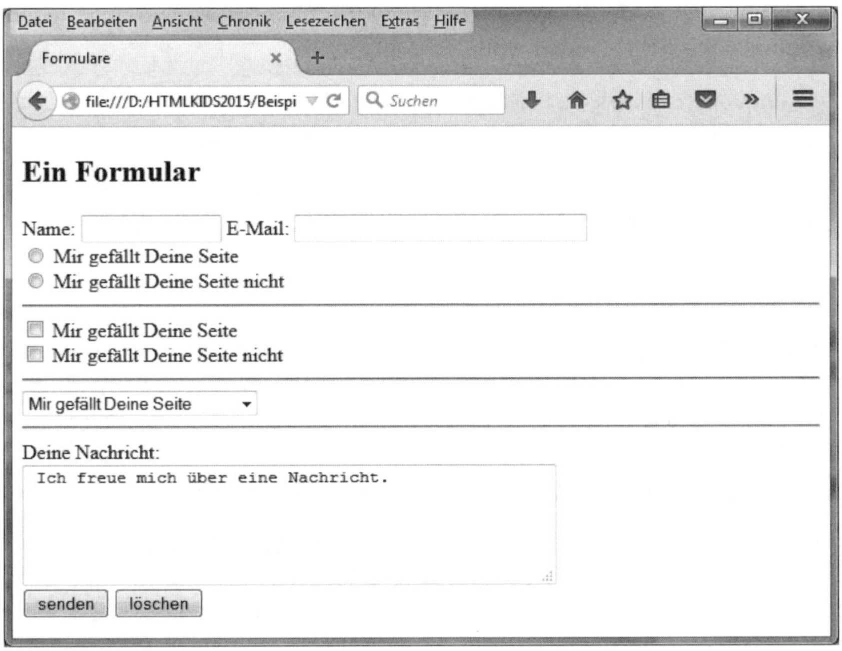

Schaltflächen für das Formular

Schaltflächen für Skripte

Du hast eine weitere Möglichkeit, die Schaltflächen zu definieren. Es ist das Tag button.

Es funktioniert genauso wie bei der Verwendung des Tags input. Für unser Beispiel würde alles gleich bleiben, nur dass du das Tag button anstatt des Tags input verwendest. Das sieht dann so aus:

```
<button type="submit" value="senden">
<button type="reset" value="löschen">
```

Doch damit waren die Möglichkeiten des Tags input für Schaltflächen erschöpft. Das Tag button erlaubt noch einen weiteren Wert für das Attribut type: den Wert button.

Den brauchst du allerdings nur, wenn du ein entsprechendes Skript zur Auswertung des Formulars verwendest. Wenn du dich später mal mit Skripten, wie z.B. JavaScript, beschäftigst, kannst du mehr mit dieser Möglichkeit anfangen.

Formular per E-Mail verschicken

Das Formular ist fertig, doch eines funktioniert noch nicht: Das Formular wird nicht versendet. Wie sollte es auch, du hast nirgendwo angegeben, wohin es geschickt werden soll.

Am sinnvollsten ist es, du lässt dir das Formular per E-Mail zuschicken. Dazu musst du noch ein Attribut einsetzen, und zwar im öffnenden Tag form.

Das Attribut heißt action und als Wert gibst du ein: mailto:, gefolgt von deiner E-Mail-Adresse. Das könnte dann so aussehen:

```
<form method="post" action="mailto:test@kobert.de">
```

Du hast sicher gesehen, dass ich noch ein zweites Attribut verwendet habe, das Attribut method. Es hat zwei mögliche Werte, der verwendete Wert post legt fest, dass der Formularinhalt per E-Mail verschickt wird.

Übergabe der Formularinhalte an ein Skript

Der zweite mögliche Wert lautet get und ermöglicht die Übergabe der Formulardaten an ein Skript zur Weiterverarbeitung. Da wird dann beim Attribut action auch noch der Name des Skripts angegeben. Das könnte so aussehen:

```
<form method="get" action="http://kobert.de/cgi-bin/mail.pl">
```

Das Formular vervollständigen

Öffne jetzt den Editor mit der Datei *form7.html* und ergänze das Tag form um die Attribute method und action. Verwende dabei aber deine eigene E-Mail-Adresse anstelle der angegebenen.

```
<!DOCTYPE HTML>
<html>
```

```
<head>
<title> Formulare </title>
</head>
<body>
<h2>Ein Formular</h2>
<form method="post" action="mailto:test@kobert.de">
<label>Name:</label>
...
```

Ich habe das Listing abgekürzt, da du ja wirklich nur die eine Zeile ändern musst. Wenn du die Änderung vorgenommen hast, speichere die Datei als *form8.html* ab.

Anschließend lädst du sie in den Browser und füllst das Formular aus. Wenn du es abschickst, indem du auf die Schaltfläche SENDEN klickst, wirst du eine E-Mail erhalten. Wenn das nicht funktioniert, prüfe noch mal, ob du auch deine E-Mail-Adresse angegeben hast.

Leider funktioniert der Versand per E-Mail nicht immer problemlos. Je nachdem welchen Browser du verwendest und welche Einstellungen gültig sind, kann es auch passieren, dass sich das Fenster zum E-Mail-Schreiben öffnet. Allerdings ist da dann schon deine E-Mail-Adresse eingegeben und als Text der ganze Formularinhalt.

Fertige Skripte

Du siehst, ein selbst gemachtes Kontaktformular ist nicht immer die optimale Lösung. Es gibt eine ganze Reihe von guten Kontaktformularen, die viel mehr können, als du mit HTML und CSS alleine machen kannst.

Meist sind es sogenannte PHP-Skripte, die du im Internet herunterladen kannst. Suche doch mal bei Google nach *php kontaktformular*. Du wirst überrascht sein, wie viele kostenlose Kontaktformulare es dort gibt und was die noch alles mehr können.

PHP-Formulare müssen eingerichtet werden, doch meist ist eine einfache Installationsanleitung dabei. Besonders gut hat mir persönlich das Kontaktformular von der Seite: *http://www.kontaktformular.com* gefallen.

Vorbereitung auf den Skripteinsatz

Du hast ein funktionierendes Formular erstellt. Doch das sind noch nicht alle Möglichkeiten. Wie du CSS auf das Formular anwendest, erfährst du gleich noch. Aber vielleicht lernst du demnächst auch noch eine Skriptsprache und dann wird es interessant, den Formularinhalt auszuwerten und nicht einfach nur per E-Mail zu verschicken.

Eine ID für Formularfelder

Für dieses Thema nehmen wir mal wieder einen kürzeren Quelltext. Der Quelltext mit dem Namen *form3.html* ist gut geeignet, da war das Formular noch nicht so groß.

Lade die Datei also in den Editor und dann ändere ihn entsprechend dem Beispiel im Buch ab.

```
<!DOCTYPE HTML>
<html>
<head>
<title> Formulare </title>
</head>
<body>
<h2>Ein Formular</h2>
<form>
<label for="name">Name:</label>
<input type="text" id="name" size="15" maxlength="50">
<label for="email">E-Mail:</label>
<input type="text" id="email" size="35" maxlength="40">
</form>
</body>
</html>
```

Neu ist das Attribut for. Das Attribut id hat einen von dir frei festlegbaren Wert, im Beispiel waren das die Werte name und email. Das Attribut for, das der Beschriftung zugeordnet wurde, hat jeweils den dazu passenden Namen erhalten.

Das Attribut id ist ein sogenannter *Selektor*.

Wie erwähnt, weitere Optionen damit werden interessant, wenn du Skripte einsetzt. Doch das Ganze hat einen interessanten Nebeneffekt. Der kommt daher, dass durch den Einsatz von id und for die zueinander gehörenden Tags label und input jeweils verbunden wurden. Doch das schaust du dir am besten praktisch an.

Speichere den Quelltext als *form9.html* ab. Auch wenn du das Aussehen bereits kennst, lade die Datei in den Browser.

Bisher war es so, dass du, um ein Eingabefeld für die Texteingabe auszuwählen, hineinklicken musstest. Dann war es aktiv und du konntest den Text eingeben.

Nach dieser Änderung am Quelltext musst du nicht mehr in das Eingabefeld klicken, um es auszuwählen, du kannst auch auf die dazugehörige Beschriftung klicken, um hineinschreiben zu können. Probiere das ruhig mal aus!

Formulare stylen

Natürlich kannst du auch das langweilige Aussehen der Formulare verändern. Und dabei hilft dir CSS. Alles, was du dazu brauchst, kennst du schon, du brauchst es nur anzuwenden. Also kannst du ganz entspannt an dieses Thema herangehen.

Ich zeige dir das an einem Beispiel. Das vollständige Formular hattest du als *form8.html* abgespeichert. Dafür zeigt dir der folgende Quelltext eine Formatierung.

In diesem Fall ist das Stylesheet mit dem Attribut `style` in das HTML-Dokument integriert. Der CSS-Teil ist fett hervorgehoben, wenn du möchtest, kannst du es auch als externes Stylesheet umsetzen. Wie das geht, weißt du ja. Schau dir den Quelltext an.

```
<!DOCTYPE HTML>
<html>
<head>
<title> Formulare </title>

<style>
form
{
font-family: arial;
background-color: yellow;
width: 470px;
padding: 20px;
border-style: solid;
border-color: grey
}
```

```
input
{
border-style: solid;
border-color: grey;
margin-bottom: 1em
}
textarea
{
width: 460px;
border-style: solid;
border-color: grey;
height: 10em
}
</style>

</head>
<body>
<h2>Ein Formular</h2>
<form>
<label>Name:</label>
<input type="text" id="name" size="15" maxlength="50">
<label>E-Mail:</label>
<input type="text" id="email" size="35" maxlength="40">
<br>
<input type="radio" id="umfrage" value="Tolle_Seite">
<label>Mir gefällt Deine Seite</label>
<br>
<input type="radio" id="umfrage" value="Doofe_Seite">
<label>Mir gefällt Deine Seite nicht</label>
<hr>
<input type="checkbox" id="umfrage1"
value="Tolle_Seite1">
<label>Mir gefällt Deine Seite</label>
<br>
<input type="checkbox" id="umfrage1"
value="Doofe_Seite1">
<label>Mir gefällt Deine Seite nicht</label>
<hr>
<select>
<option>Mir gefällt Deine Seite</option>
<option>Mir gefällt Deine Seite nicht</option>
</select>
```

```
<br>
<hr>
<div> Deine Nachricht: </div>
<textarea id="nachricht" cols="50" rows="10">
Ich freue mich über eine Nachricht.
</textarea>
<br>
<input type="submit" value="senden">
<input type="reset" value="löschen">
</form>
</body>
</html>
```

Wie du siehst, ist da nichts Unbekanntes dabei. Es sind alles Schlüsselwörter und Werte, die du schon aus den vorangegangenen Kapiteln kennst.

Wenn du diesen Quelltext mit dem Namen *form10.html* abspeicherst und ihn dir dann im Browser anzeigen lässt, siehst du, dass dieses Formular optisch fast nichts mehr mit der reinen HTML-Version zu tun hat.

Das Formular mit CSS gestylt

Wie du siehst, habe ich nur ein paar CSS-Schlüsselwörter eingesetzt. Du kannst das Formular aber nach Belieben mit CSS verändern. Was meinst du, wie es wirkt, wenn du noch die Abstände veränderst, Rahmen um die Beschriftungen ziehen lässt oder was immer du willst. Du kannst das Formular so gestalten, wie es dir gefällt.

Aber nicht nur das Aussehen eines eigenen Formulars kannst du mit CSS beeinflussen. Wenn du dir ein fertiges PHP-Formular besorgst, dann kannst du es genauso mit CSS anpassen. Alles, was du dafür wissen musst, hast du bereits gelernt.

Zusammenfassung

- Alle Felder deines Formulars schreibst du zwischen `<form>` und `</form>`.
- Die meisten Eingabefelder erstellst du mit dem Tag `input`. Nur die Attribute und Werte werden geändert.
- Ein großes, mehrzeiliges Texteingabefeld erstellst du mit dem Tag `textarea`.
- Mit Kontrollkästchen und Optionsfeldern kannst du deinen Besuchern Antworten zum Ankreuzen bieten.
- Mit Listenfeldern kannst du aufklappbare Menüs erstellen, in denen deine Besucher zwischen verschiedenen Antworten auswählen können.
- Du hast zwei Möglichkeiten, Schaltflächen für dein Formular zu erstellen.
- Du kannst dir den Formularinhalt sogar per E-Mail zuschicken lassen.
- Du kannst dein Formular nahezu beliebig mit CSS gestalten.

Ein paar Fragen ...

1. Wie erstellst du ein Eingabefeld für den Namen?
2. Wie wird ein Texteingabefeld erstellt, das 300 Pixel breit und 200 Pixel hoch ist?

3. Wie erzeugst du ein Kontrollkästchen und wie ein Optionsfeld?
4. Wie erstellst du ein Listenfeld?
5. Mit welchen Tags kannst du eine Schaltfläche zum Abschicken des Formularinhalts erstellen?
6. Wie kannst du dir den Formularinhalt per E-Mail schicken lassen?
7. Was hat es mit dem Attribut `id` auf sich?
8. Welche CSS-Schlüsselwörter kannst du auf ein Formular anwenden?

... und ein paar Aufgaben

1. Erstelle ein Formular, in dem folgende Datenfelder enthalten sind: Name, Vorname, Straße, Postleitzahl und Ort. Ein Texteingabefeld sollte ebenfalls unbedingt enthalten sein. Füge auch die Schaltflächen zum Absenden und zum Löschen der eingegebenen Daten hinzu.
2. Erweitere das erstellte Formular um eine Frage, wie dem Besucher die Seite gefallen hat. Gib vier Antworten vor und lass ihn nur eine davon auswählen.
3. Das fertige Formular soll nun mit CSS so angepasst werden, dass es einen *grauen Hintergrund* erhält. Die Beschriftung der *Eingabefelder soll fett* sein. Außerdem soll es einen *Innenabstand von 10px* bekommen.

11

Der Kopf des Ganzen

Dieses Kapitel zeigt dir die Möglichkeiten im Kopf des HTML-Quelltextes. Was bedeuten diese Angaben, die du vielleicht schon in anderen Quelltexten gesehen hast, und wie kannst du sie sinnvoll einsetzen? Außerdem zeige ich dir noch Wissenswertes zum Thema Skripte in HTML und wie du Anzeigeprobleme mit Entities umgehen kannst.

- Möglichkeiten im Dokumentenkopf
- Angabe des gültigen Zeichensatzes
- Vielseitig einsetzbar, das Tag `meta`
- Skript oder doch keins?
- Die Document Type Declaration
- Wozu Entities gut sind

Der Dokumentenkopf

Wir haben uns im Buch fast ausschließlich um den Körper des HTML-Quelltextes gekümmert, also um den Bereich, der zwischen <body> und </body> steht. Was dort steht, bestimmt weitestgehend den Inhalt der Seite und deshalb war es auch richtig so.

Doch es gäbe den *Dokumentenkopf* nicht, wenn er unwichtig wäre. Das, was dort steht, hat alles eine Bedeutung und in der Praxis wirst du da auch Änderungen vornehmen.

Hier lernst du noch verschiedene nützliche Tags und Attribute kennen, die zwischen den Tags <head> und </head> eingesetzt werden. Diese Einstellungen gelten immer für das gesamte HTML-Dokument und können recht nützlich sein.

Die Tags im Kopf

Bisher hast du im Kopf des HTML-Dokuments, also zwischen <head> und </head>, meist nur das Tag `title` eingesetzt. Im Zusammenhang mit CSS hast du auch noch das Tag `style` kennengelernt. Und auch die externen CSS-Dateien hast du dort mithilfe des Tags `link` eingebunden.

Doch es gibt noch mehr Tags, die im Dokumentenkopf eingesetzt werden können.

Das sind die möglichen Tags: `meta`, `link`, `base`, `style`, `script`, `object`.

Metadaten

Bestimmt hast du schon so manches Mal Zeilen wie die folgenden im Quelltext von Webseiten gesehen, die das <meta>-Tag enthalten:

```
<meta http-equiv="content-type" content="text/html; charset=UTF-8">
<meta name="Generator" content="Microsoft Word 97">
```

Meist handelt es sich dabei um Seiten, die mithilfe eines HTML-Editors (WYSIWYG-Editor) erstellt wurden – hier finden sich Informationen zum Programm oder auch zum Autor des Dokuments. Im obigen Fall handelt es sich um ein Dokument, das mit *Microsoft Word* erstellt wurde.

> Das Tag `meta` wird nicht geschlossen, es gibt also kein Tag </meta>, es ist ein leeres Element.

Doch die Informationen, die du im Tag `meta` angibst, können nicht nur solche unwichtigen Informationen enthalten. Sie eröffnen teilweise überaus sinnvolle Möglichkeiten. So können sie z.B. automatisch auf andere Seiten im Internet weiterleiten, du kannst dort mit einer Suchmaschinenoptimierung ansetzen oder Verfalldaten angeben.

Der verwendete Zeichensatz

Am Anfang des Kapitels habe ich als Beispiel für den Einsatz des Tags `meta` folgende Zeile genannt:

```
<meta http-equiv="content-type" content="text/html; charset=UTF-
8">
```

Ganz viele Webseiten enthalten diese oder eine ähnliche Zeile, um den verwendeten Zeichensatz zu definieren. Diese Zeile ist jedoch kein HTML-5-Quellcode, sondern HTML 4.01. Und weil immer noch sehr viele Seiten in HTML 4 erstellt sind, wirst du dieser Zeile oft begegnen.

In HTML 5 wurde ein neues Attribut eingeführt, das Attribut `charset`. Korrekt heißt es in HTML 5 also:

```
<meta charset="UTF-8">
```

Voraussetzung ist, dass der *UTF-8 Zeichensatz* zugrunde liegt. Sollte ein anderer Zeichensatz zugrunde liegen, dann muss dieser natürlich angegeben werden.

Der entsprechende Zeichensatz ist wichtig, wenn Sprachen verwendet werden, die Sonderzeichen enthalten, die bei uns nicht üblich sind, oder wenn du eine Seite, die andere Zeichen verwendet (z.B. chinesische oder kyrillische) erstellst.

> Ich empfehle dir, den Zeichensatz immer anzugeben. Wenn du das Tag `<meta charset="UTF-8">` immer genau so auf deinen Seiten angibst, wird es keine Probleme mit den deutschen Sonderzeichen (ä, ö, ü etc.) geben.

Weiterleiten zu einer anderen Seite

Eine der interessantesten Funktionen ist das erneute Laden einer Webseite nach einer bestimmten Zeit. So lässt sich eine automatische Weiterleitung von einer Seite auf eine andere realisieren.

Um eine Weiterleitung einzurichten, benötigst du die zwei Attribute `http-equiv` und `content`. Dem Attribut `http-equiv` muss der Wert `refresh` zugeordnet werden. Das Attribut `content` enthält die Information, nach welcher Zeit die Weiterleitung erfolgen soll, sowie die Adresse des neuen Dokuments. Das sieht dann prinzipiell so aus:

```
<meta http-equiv="refresh" content="sec; url=name">
```

Hier musst du sec durch die Anzahl der Sekunden, nach der die gewünschte Seite geladen werden soll, ersetzen. Um festzulegen, welche Seite nach der Weiterleitung geladen werden soll, ersetzt du name durch die entsprechende URL (Webadresse).

Am besten verdeutlicht das ein Beispiel:

```
<!DOCTYPE HTML>
<html>
<head>
<meta http-equiv="refresh" content="2; url=http://www.kobert.de">
<title>Weiterleitung</title>
</head>
<body>
In 2 Sekunden wirst du weitergeleitet ...
</body>
</html>
```

In diesem Beispiel erfolgt die Weiterleitung auf die Startseite meiner Website nach zwei Sekunden.

Je nach Browsereinstellungen kann es sein, dass das nicht funktioniert. Deshalb solltest du auf jeden Fall einen Link auf die Seite einbauen, damit diese auch per Mausklick erreichbar ist, falls die automatische Weiterleitung versagt.

Verfalldatum festlegen

Eine weitere interessante Möglichkeit ist das Festlegen eines Verfalldatums. Oft werden die Webseiten nicht direkt von der angegebenen Adresse geladen, sondern von einem *Proxy-Server*. Wenn du deine Seite nun überarbeitet hast, kann es deshalb sein, dass Besucher immer noch die alte Seite sehen.

Dies kannst du verhindern, indem du ein Verfalldatum festlegst. Ist dieses Datum dann überschritten, wird auf jeden Fall das Dokument von der Original-Webadresse angefordert und nicht vom Proxy-Server geladen.

Es werden wieder die beiden Attribute http-equiv und content verwendet, die du bereits kennst. Doch du musst andere Werte verwenden. Das Attribut http-equiv bekommt den Wert expires und content die Ablaufzeit:

```
<meta http-equiv="expires" content="www, tt mmm jjjj hh:mm:ss GMT">
```

Ersetze hier www durch den Wochentag (englisch), tt durch den Tag, mmm durch den Monat (englisch), jjjj durch das Jahr, hh durch die Stunden, mm durch die Minuten und ss durch die Sekunden. GMT gibt die Zeitzone an und bedeutet *Greenwich Mean Time*.

Alles klar? Hier ist ein Beispiel für den Einsatz:

```
<!DOCTYPE HTML>
<html>
<head>
<meta http-equiv="expires" content="fri, 28 jul 2012 22:04:34
GMT">
<title>Verfalldatum</title>
</head>
<body>
Diese Seite verfällt am Freitag, dem 28. Juli 2012.
</body>
</html>
```

Am 28. Juli 2012 um 22.04 Uhr und 34 Sekunden ist die Seite mit obigem Quelltext verfallen. Bestimmt ist dir aufgefallen, dass der Monat und der Wochentag, auf drei Buchstaben gekürzt, in Englisch angegeben werden.

Die beiden folgenden Tabellen zeigen dir die hier zu verwendenden Bezeichnungen für die Wochentage und die Monate.

Tabelle der Wochentage

Einsetzbarer Wert (Abk.)	Tag (deutsch)	Tag (englisch)
mon	Montag	monday
tue	Dienstag	tuesday
wed	Mittwoch	wednesday
thu	Donnerstag	thursday
fri	Freitag	friday
sat	Samstag	saturday
sun	Sonntag	sunday

Tabelle der Monate

Einsetzbarer Wert (Abk.)	Monat (deutsch)	Monat (englisch)
jan	Januar	january
feb	Februar	february
mar	März	march
apr	April	april
may	Mai	may
jun	Juni	june
jul	Juli	july
aug	August	august
sep	September	september
okt	Oktober	october
nov	November	november
dec	Dezember	december

Suchmaschinenoptimierung

Suchmaschinen durchwühlen (crawlen) das Internet rund um die Uhr, um neue und geänderte Inhalte in den Ergebnissen aufnehmen zu können. Vielleicht du dich schon gefragt, warum manche Webseiten bei Google ganz vorne zu finden sind und andere erst ganz hinten in den Suchergebnissen.

Suchmaschinenoptimierung fängt im Titel an, also damit, was zwischen `<title>` und `</title>` steht. Hier solltest du den wichtigsten Suchbegriff, der für deine Seite relevant ist, platzieren.

Das ist kein Zufall, das Zauberwort heißt *SEO*, Suchmaschinenoptimierung. Dabei wird der Inhalt von Webseiten durch bestimmte Schlüsselwörter für die Suche optimiert.

Schlüsselwörter für die Suche haben nichts mit Schlüsselwörtern bei CSS zu tun!

Allerdings reicht hier eine Optimierung auf die sichtbaren Teile der Seite schon lange nicht mehr aus. Das Tag <meta> spielt bei der Optimierung eine wichtige Rolle.

Festlegen von Schlüsselwörtern

Wenn du dem Attribut name den Wert keywords (auf Deutsch: Schlüsselwörter) zuweist, kannst du Schlüsselwörter zuweisen, die von Suchmaschinen ausgelesen werden.

```
<meta name="keywords" content="Schlüsselwort1, schlüsselwort2">
```

Ersetze Schlüsselwort1 und Schlüsselwort2 einfach durch die gewünschten Schlüsselwörter. Durch Kommata getrennt kannst du so beliebig viele Schlüsselwörter auflisten.

> Verwende nicht zu viele Schlüsselwörter. In der Regel sollten hier für ein optimales Ergebnis fünf bis acht Begriffe stehen. Aber auch weniger Begriffe verschlechtern das Ergebnis. Wichtig ist, dass die verwendeten Begriffe auch im sichtbaren Text der Seite vorkommen.

Kurzbeschreibung des Inhalts

Nicht nur der Einsatz von Schlüsselwörtern ist wichtig. Es besteht auch noch die Möglichkeit, eine Kurzbeschreibung des Inhalts anzugeben. Hierzu gibst du im Attribut name den Wert description an:

```
<meta name="description" content="Kurzbeschreibung">
```

Ersetze *Kurzbeschreibung* durch einen kurzen Text von etwa 80 bis 128 Zeichen, der den Inhalt der Seite beschreibt.

> Liste hier aber nicht einfach Schlüsselwörter auf, sondern schreibe ein oder zwei kurze Sätze. Dabei solltest du darauf achten, dass die wichtigsten Schlüsselwörter enthalten sind.

Oft wird in Web-Katalogen dieser Text als Beschreibung verwendet. Es sollte also lesbarer, sprich verständlicher Text sein.

Direkte Anweisungen für Suchmaschinen

Wenn ein *Suchmaschinen-Bot*, so nennt man die Programme, die für Google & Co das Internet durchsuchen, deine Seite besucht, kannst du ihm auch direkte Anweisungen geben, wie er sich verhalten soll.

Du kannst festlegen, ob er die ganze Seite durchsuchen soll, wann er wiederkommen soll und für welchen Sprachbereich deine Seite interessant ist.

Alle diese Informationen werden ebenfalls durch verschiedene Werte des Attributs name im Tag meta festgelegt.

Die ganze Seite durchsuchen

Mit der folgenden Zeile wird der Suchmaschinen-Bot angewiesen, allen Links der Seite zu folgen und für die Suchmaschine auszuwerten:

```
<meta name="robots" content="index,follow">
```

Wenn du follow in nofollow änderst, dann wird der Bot keinen Links folgen, sondern nur die Information der aktuellen Seite auswerten.

Übrigens, die Platzierung in den Suchmaschinen hängt nicht nur vom Inhalt und den Angaben im Kopfbereich des Quelltextes ab, sondern auch von ganz anderen Kriterien. So ist z.B. die Anzahl der Links von fremden Seiten auf deine Seite ebenfalls sehr wichtig.

Durchsuchen wiederholen

Du kannst auch festlegen, wann der Bot deine Webseite wieder durchsuchen soll. Wenn deine Seite noch klein und unbekannt ist, kann es Monate dauern, bis der Bot die Seite wieder besucht. Inzwischen können die Inhalte mehrfach aktualisiert worden sein.

Deshalb kann die Dauer bis zum nächsten Besuch dem Bot mitgeteilt werden. Das setzt du wie folgt um

```
<meta name="revisit-after" content="n days">
```

wobei hier n durch die Anzahl der Tage ersetzt wird.

Setze die Anzahl der Tage aber nicht zu niedrig an, die Folge wird sein, dass der Bot die Seite gar nicht mehr besucht, wenn er keine oder nur wenige Änderungen feststellt. Es bietet sich an, mindestens zehn Tage zu definieren, oft sind aber auch Intervalle von 30 Tagen angebracht.

Sprachrelevanz

Webseiten sind in der Regel für bestimmte Sprachbereiche (also z.B. Deutsch, Englisch etc.) relevant. Auch das kannst du dem Bot mitteilen. Verwende die folgende Zeile, um den deutschen Sprachbereich als relevant zu definieren:

```
<meta name="language" content="DE">
```

Alle Tags meta können zusammen eingesetzt werden. Du brauchst dich also nicht zu entscheiden, welche Funktionen du mit dem Tag meta umsetzen möchtest. Nachfolgend siehst du ein Beispiel:

```
<head>
<meta charset="UTF-8">
<meta name="language" content="de">
<meta name="keywords" content="HTML, CSS, Bücher">
<meta name="description" content="kobert.de - Informationen zu
meinen Büchern über HTML, CSS und XML">
<meta name="robots" content="index,follow">
</head>
```

Verzeichnispfade setzen

Wenn du mit deiner Webseite von einer Internetadresse zu einer anderen wechselst, dann kann es passieren, dass deine Links nicht mehr funktionieren. Das betrifft nicht nur Links zu anderen Internetadressen, sondern deine internen Links.

Stelle dir mal vor, alle deine Links, z.B. im Menü, lauten: www.xyz.de/ und dann der Name der HTML-Datei. Jetzt ziehst du aber auf eine Internetadresse um, die abc.de heißt. Dann musst du alle Links entsprechend ändern. Das Tag base erzeugt relative Verzeichnispfade und umgeht das Problem so.

Relative Pfadangaben

Wir befinden uns thematisch noch immer im Kopf des Quelltextes und hier wird das Tag <base> im Kopf des Quelltextes zwischen den Tags <head> und </head> eingesetzt. Dabei wird mithilfe des Attributs href die Basis-URL festgelegt.

```
<base href="Pfad">
```

Du brauchst hier nur *Pfad* durch den Pfad, der das Hauptverzeichnis darstellt, zu ersetzen.

Eine URL ist eine Internetadresse. So ist z.B. *www.kobert.de* eine URL. Aber auch *www.kobert.de/daten/bilder/haus.jpg* ist eine URL.

Am besten zeige ich dir noch ein kurzes Beispiel, da das alles doch sehr theoretisch ist.

- Die Datei auf deinem Webspace, auf die verlinkt wird, hat folgende Internetadresse: *www.ich.de/ich/web/test.html.* Der Link dorthin würde so aussehen:

```
<a href=http://www.ich.de/ich/web/test.html></a>
```

- Die HTML-Datei, von der aus die Verlinkung erfolgt, hat diese Adresse: *www.ich.de/ich/meine_daitei.html.*

Um mit dem Tag `base` nun die Basis-URL festzulegen, gibst du folgende Zeile ein:

```
<base href="http:www.ich.de">
```

In den Links gibst du dann nicht mehr die ganze URL ein, sondern nur noch den Pfad von der Basis-URL ausgehend. Für unser Beispiel würde der Link zur Zielseite dann lauten:

```
<a href=../ich/web/test.html></a>
```

Es wird nur noch der Link von der Basisadresse an angegeben. Dieser Link funktioniert auch dann noch, wenn du mit deiner ganzen Homepage umziehst. Du musst nur daran denken, das Tag `base` zu ändern.

Relative Pfadangaben können ärgerliche Fehlermeldungen durch falsche Verknüpfungen verhindern. Man nennt das Setzen von relativen Pfaden *Referenzieren.*

Globale Links

Das Tag `link` kennst du ja schon, erinnerst du dich?

```
<link rel="stylesheet" type="text/css" href="class.css">
```

Du hast so externe CSS-Dateien eingebunden. Doch du kannst noch mehr damit machen. Neben CSS-Dateien kannst du so auch externe Skripte in deine Homepage einbinden, also z.B. eine JavaScript-Datei.

Eine weitere oft genutzte Möglichkeit sind Favicons. Weißt du, was Favicons sind? Das sind die kleinen Minigrafiken in der Adresszeile des Browsers.

> Ein Favicon ist eine kleine Grafik mit einer Größe von 16 x 16 Pixeln. Sie muss das Windows-Icon-Format haben `*.ico`.

Ein Favicon – hier das von google.de

Da es ja nicht auf der Webseite zu sehen ist, muss es auch im Dokumentenkopf eingebunden werden. Die Einbindung erfolgt auch mithilfe des Tags `link`:

```
<link rel="shortcut icon" href="favicon.ico" type="image/
vnd.microsoft.icon">
```

Der Wert beim Attribut `type` ist der *Mime-Typ*. Du bist anderen Mime-Typen schon begegnet, z.B. `text/css` für eine CSS-Datei.

Die Besonderheit bei den Favicons ist folgende: Es gibt noch keinen standardisierten Namen für diesen Mime-Typ. Und so werden auch `image/ico`, `image/icon`, `text/ico`, `application/ico` oder `image/x-icon` verwendet.

Es ist eigentlich egal, welchen davon du verwendest, der Browser zeigt das Favicon immer richtig an. Das tut er sogar, wenn du keinen Mime-Typ angibst.

> Den Namen der Grafikdatei des Favicons kannst du nicht selber festlegen! Sie muss `favicon.ico` heißen.

Skripte

Gerade habe ich erwähnt, dass *JavaScripts* genauso wie CSS über das Tag `link` eingebunden werden können.

Du erinnerst dich bestimmt, CSS kann man auch durch das Tag `style` im Dokumentenkopf einbinden. Und genauso kannst du auch JavaScript mit dem Tag `script` dort einbinden.

Wenn du nicht mit einer externen JavaScript-Datei arbeitest, kannst du den JavaScript-Quelltext auch einfach zwischen die Tags <script> und </script> schreiben. Und auch das machst du im Dokumentenkopf zwischen <head> und </head>.

Aber welche Arten von Skripten kannst du dort einbinden? Kurz, alle diese, die für die ganze Seite gelten. So wird z.B. oft die Download-Funktion bei Bildern durch Klicken mit der rechten Maustaste unterbunden.

Einfach ein Skript im Dokumentenkopf einbinden, das genau das definiert, und die Download-Funktion ist für alle Bilder auf der Seite gesperrt. Die Einbindung erfolgt ganz einfach:

```
<head>
<title> Das Tag script </title>
<script>
... hier wird das Skript eingefügt
</script>
</head>
```

JavaScript ist nicht Bestandteil dieses Buches, das würde einfach den Rahmen sprengen und dich erst mal wahrscheinlich nur durcheinanderbringen. Fertige Skripte für solche Funktionen findest du zum Download im Web, z.B. bei: *http://www.php-resource.de/scripte/.*

Das Tag »noscript«

Gerade habe ich dir etwas über die Einbindung von Skripten erzählt. Aber was passiert mit den Besuchern, die das Ausführen von Skripten in ihrem Browser abgeschaltet haben? Keine Angst, die sehen deine Webseite trotzdem, nur können sie alles das, was mit Skripten gemacht wird, nicht sehen.

Das Tag noscript ermöglicht es dir, zu definieren, was passieren soll, wenn ein Besucher deine Seite besucht, der die Skript-Funktionen im Browser unterbunden hat.

Aber es kann doch sein, dass du das gar nicht möchtest. Zum Beispiel, weil du ein Skript einsetzt, das das Herunterladen von Bildern verhindert. Die Lösung ermöglicht dir das Tag noscript.

Das Tag noscript wird im Dokumentenkörper, also zwischen <body> und </body> eingesetzt. Du kannst dort eine ganze Alternativseite definieren, die Besuchern deiner Seite angezeigt wird.

Das ist ganz einfach, schau dir den nachfolgenden Quelltext und die beiden Abbildungen der Seite aus dem Browser an. Die erste ist mit aktivierten JavaScript im Browser, die zweite, wenn die Ausführung deaktiviert ist.

```
<!DOCTYPE html>
<html>
<head>
<title> noscript </title>
<link src="datei.js type="text/javascript"
</head>
<body>

<noscript>
<h1>Die No-Skript-Seite</h1>
<p>Sorry, diese Seite ist nur für Besucher, die Skripte in ihrem
Browser aktiviert haben.<p>
<i>Besuch mich wieder, wenn du JavaScript aktiviert hast.</i>
</noscript>

<h1> Meine Seite </h1>
<div> Hallo und herzlich willkommen auf meiner neuen Homepage.</
div>
<p> Lorem ipsum dolor sit amet, ... </p>
</body>
</html>
```

So sieht die Seite bei aktivierten JavaScript aus.

So sieht die Seite aus, wenn JavaScript im Browser deaktiviert ist.

DTD, was ist das?

Dir ist sicher aufgefallen, dass jede Zeile der HTML-Quelltexte mit `<!DOCTYPE html>` beginnt. Das ist kein HTML-Befehl, sondern die *Document Type Declaration.* Meist wird die Abkürzung dafür verwendet und die lautet *DTD.*

Aber was ist das? Wenn wir das aus dem Englischen übersetzen, kommt Dokumententyp-Deklaration heraus, was das Ganze auch nicht klarer macht. Frei übersetzt heißt es: Art des Dokuments. Ach so, dann wird hier also festgelegt, um was für eine Art von Dokument es sich handelt! Aber das war doch von Anfang an klar, es ist ein HTML-Dokument. Was soll es denn sonst sein?

Das HTML-Dokument beginnt mit `<html>` und endet mit `</html>`. Die DTD sagt dem Browser quasi, welche HTML-Version diesem Quelltext zugrunde liegt. Bei der DTD, die du in all den bisherigen Beispielen im Buch verwendet hast, ist das HTML 5.

> Deine Webseite wird auch funktionieren und im Browser angezeigt, wenn du die DTD nicht oder eine falsche angibst. Doch sauberes Programmieren in HTML verlangt die Angabe der DTD.

Bei jeder früheren HTML-Version sah die DTD anders aus. Oft wirst du auch noch die folgenden drei Versionen im Internet finden, die abhängig davon, wie streng sich der Ersteller der Seite an die Bestimmungen von HTML gehalten hat, eingesetzt wurden:

HTML 4.01 normal:

```
<!DOCTYPE HTML PUBLIC "-//W3C//DTD HTML 4.01 Transitional//EN"
"http://www.w3.org/TR/html4/loose.dtd">
```

HTML 4.01 strict:

```
<!DOCTYPE HTML PUBLIC "-//W3C//DTD HTML 4.01//EN" "http://
www.w3.org/TR/html4/strict.dtd">
```

HTML 4.01 frameset:

```
<!DOCTYPE HTML PUBLIC "-//W3C//DTD HTML 4.01 Frameset//EN" "http:/
/www.w3.org/TR/html4/frameset.dtd">
```

Und auch XHTML hatte wieder drei Varianten, hier beispielhaft nur eine:

```
<!DOCTYPE HTML PUBLIC "-//W3C//DTD XHTML 1.0 Strict//EN" "http://
www.w3.org/TR/xhtml1/DTD/xhtml1-strict.dtd">
```

Da ist die Schreibweise von HTML 5 doch viel angenehmer, du hast nicht mehr so viel zu tippen.

Entities

Und was ist das denn jetzt schon wieder? Wir haben doch inzwischen alles aus dem Quelltext durch. Ja, das stimmt, doch Entities solltest du unbedingt kennen.

Natürlich kannst du den Text deiner HTML-Seite sofort in der Art und Weise schreiben, wie du es gewohnt bist, also mit den deutschen Sonderzeichen. Und genauso haben wir es in den Beispielen dieses Buches gemacht.

Es wird bei der Anzeige im Browser auch nur selten zu Problemen kommen. Wenn du, wie am Anfang dieses Kapitels gesehen, auch noch den zugrunde liegenden Zeichensatz festlegst (`<meta charset="UTF-8">`), dann wird es noch seltener zu Problemen kommen.

Was sind Entities?

Doch ganz selten kann es zu Problemen mit der Anzeige von Sonderzeichen kommen. Die Lösung dafür sind die *Entities*. Ein Entity gibt es nicht nur für die jeweiligen deutschen Sonderzeichen. Alle Sonderzeichen der verschiedenen Sprachen sowie z.B. das Copyrightzeichen, Anführungszeichen und spitze Klammern werden durch Entities abgedeckt.

In HTML-Dokumenten ist es ganz besonders wichtig, dass du im Text die spitzen Klammern oder auch die Anführungszeichen nicht direkt verwendest, sondern als Entities, damit es nicht zu Fehlinterpretationen durch den Browser kommt.

Der Aufbau

Der Aufbau aller Entities ist einheitlich, jedes Entity beginnt mit dem Zeichen *&* (kaufmännisches Und), gefolgt von der Umschreibung des Sonderzeichens und dann vom Semikolon. Das Ö sieht als Entity folgendermaßen aus: *Ö*.

Wenn du das genauer betrachtest, steckt dahinter ein ganz logisches Konzept, das du in dieser Art und Weise auf alle deutschen Umlaute anwenden kannst.

Der entsprechende Buchstabe kommt nach dem *&*, und zwar entsprechend als Großbuchstabe oder als Kleinbuchstabe. Angefügt wird einfach *uml* für Umlaut, gefolgt von einem Semikolon. So hast du schnell die deutschen Sonderzeichen zusammen, mit Ausnahme des *ß*, das folgendermaßen gekennzeichnet werden muss: *ß*.

Anstelle der Entities kann auch der numerische Wert aus dem Zeichensatz ISO 8859 in der Syntax *&#Wert;* angegeben werden.

Liste häufig genutzter Entities

Hier noch eine Auflistung der Entities und *ISO-8859-Codes*, die auf deutschsprachigen HTML-Seiten häufiger benötigt werden:

Sonderzeichen	ISO 8859	Entity
ä	ä	ä
Ä	Ä	Ä
ö	ö	ö
Ö	Ö	Ö
ü	ü	ü
Ü	Ü	Ü
ß	ß	ß
Leerzeichen		
"	"	"
&	&	&
<	<	<
>	>	>
§	§	§
Ó	©	©
Ò	®	®
1/4	¼	¼
1/2	½	½
3/4	¾	¾

Zusammenfassung

- Im Dokumentenkopf kannst du Einstellungen vornehmen, die nicht den Inhalt der Webseite betreffen, wohl aber ihre Funktionalität.
- Den verwendeten Zeichensatz sollte man immer angeben, um Probleme mit der Seitenanzeige zu minimieren.
- Mit dem Tag `meta` kannst du vielfältige Angaben festlegen, wie z.B. das automatische Weiterleiten auf eine andere Seite.
- Suchmaschinenoptimierung beginnt bereits im Dokumentenkopf. Das Tag `meta` bietet dir dazu mehrere Möglichkeiten.

- Globale Links ermöglichen die Einbindung von Skripten und CSS.
- Du kannst nun deine Webseite durch ein Favicon aufwerten. Auch das wird mit dem Tag `link` umgesetzt.
- Das Tag `noscript` erlaubt es dir, spezielle Inhalte für Besucher anzubieten, die Skripte in ihrem Browser deaktiviert haben.
- Die DTD legt fest, in welcher Version von HTML dein Quelltext erstellt wurde.
- Mit Entities kannst du Sonderzeichen darstellen, insbesondere solche, die ansonsten den Browser zu einer Fehlinterpretation veranlassen würden (z.B. spitze Klammern).

Ein paar Fragen ...

1. Warum solltest du den verwendeten Zeichensatz angeben und wie gibst du den Zeichensatz UTF-8 im Dokumentenkopf an?
2. Wie definierst du eine automatische Weiterleitung auf eine andere Webseite?
3. Wozu dient das Tag `noscript`?
4. Nenne ein Beispiel für einen globalen Link.
5. Was sind Entities?

... aber keine Aufgaben

12

CSS-Profitipps

In diesem Kapitel lernst du noch ein paar Tipps und Tricks kennen, wie sie von Profis eingesetzt werden. Es sind Kleinigkeiten, die dir sicher gefallen werden und deine Seite noch schöner machen. Außerdem gebe ich dir einen Einblick in ein Thema für absolute Profis: punktgenaues Positionieren von Inhalten auf der Webseite.

- Abgerundete Ecken bei Rahmen
- Schatten für Inhalte
- Den Mauszeiger ändern
- Den Quelltext optimieren
- Text und andere Inhalte positionieren

Rahmen mit abgerundeten Ecken

Hast du schon mal auf einer Webseite Rahmen rund um Text gesehen, dessen Enden abgerundet sind?

Du weißt bereits, wie du Rahmen um beliebige Inhalte ziehen kannst, das hast du in Kapitel 7 gelernt. Doch diese Rahmen hatten immer richtige

Ecken. Du kannst die Ecken auch abrunden, und wie das geht, zeige ich dir jetzt.

Ecken abrunden

Das CSS-Schlüsselwort border-radius ermöglicht es dir, die Ecken abzurunden. Um zu verstehen, wie das genau funktioniert, zeige ich dir jetzt ein Beispiel. Tippe zunächst im Editor den folgenden HTML-Quelltext ab und speichere ihn als *profi1.html* ab.

Damit du im Beispiel auch entsprechend große Boxen erhältst, ersetzt du bitte Text bei den Tags div und p durch einen Blindtext (Lorem ipsum).

```
<!DOCTYPE html>
<html>
<head>
<title> Abgerundete Ecken </title>
<link rel="stylesheet" type="text/css" href="profi1.css">
</head>
<body>
<h1> Rahmen mit abgerundeten Ecken </h1>
<div> Text </div>
<p> Text </p>
</body>
</html>
```

Wenn du den HTML-Quelltext abgetippt hast, dann kommt der interessante Teil, der CSS-Quelltext. Schau ihn dir an und tippe ihn auch ab, bevor du ihn mit dem Namen *profi1.css* abspeicherst.

```
h1
{
font-family: arial;
font-size: 18pt
}
body
{
background-color: yellow
}
div
{
```

```
background-color: white;
font-family: arial;
font-size: 12pt;
border-style: solid;
border-color: red;
border-radius: 10px;
padding: 5pt;
margin: 20pt
}
p
{
background-color: white;
font-family: arial;
font-size: 12pt;
border-style: solid;
border-color: red;
border-radius: 25px;
padding: 5pt;
margin: 20pt
}
```

In diesem CSS-Quelltext wurden Regeln für die Tags body, h1, div und p erstellt. Der Grund für diese umfangreiche Definition liegt darin, dass das Ergebnis im Browser auch deutlich zu erkennen ist. Aber das meiste kennst du bereits!

Neu ist nur der Einsatz des Schlüsselworts border-radius für die Tags p und div. Es wurde zusammen mit einem numerischen Wert angegeben, der den Radius für die Abrundung der Ecke definiert. Dort habe ich einmal 10px und einmal 25px angegeben.

> Der Radius für das Schlüsselwort border-radius wird in numerischen Werten angegeben. Du kannst alle relativen und absoluten numerischen Werte verwenden.

Nun lasse dir die HTML-Datei im Browser anzeigen. Deutlich sind die abgerundeten Ecken zu sehen und auch, wie sich der Radius auswirkt. Probiere doch mal ein wenig mit den erlaubten Werten aus, was passiert, wenn du sie veränderst!

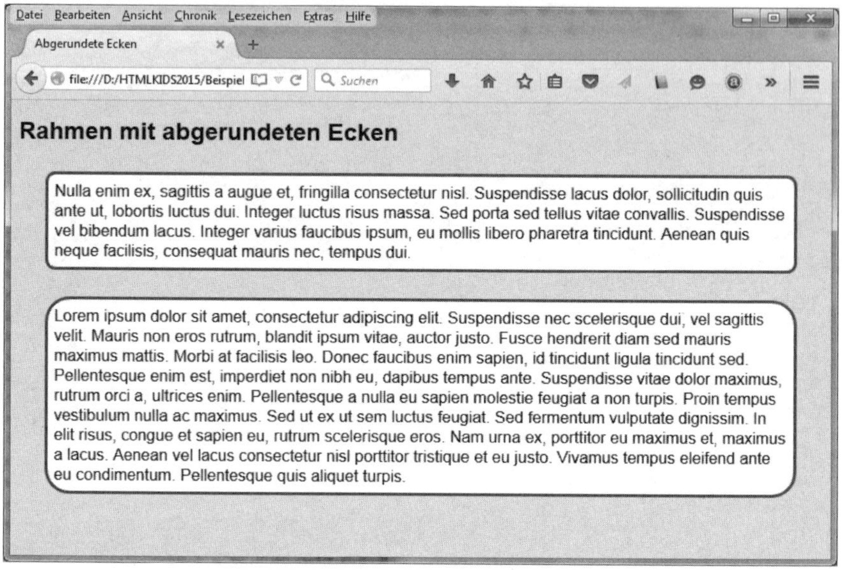

Abgerundete Ecken mit unterschiedlichen Radien

Schatten

Hast du schon diese tollen Schatten gesehen, die auf manchen Webseiten rund um die Boxen sind? Manchmal sind sie so fein, dass sie kaum auffallen. Aber sie geben dem Design einer Seite oft den letzten Schliff.

Schatten für Boxen

Auch diese Schatten kannst du selber mit CSS machen. Im Prinzip ist das ganz einfach. Du brauchst dazu das Schlüsselwort box-shadow.

Die Form des Schattens passt sich an die Kontur des Rahmens an. Hast du die Kanten abgerundet, dann wird auch der Schatten mit der Abrundung angezeigt.

Ich zeige es dir an einem Beispiel und hinterher erkläre ich dir, was du gemacht hast. Du brauchst nicht alles abzutippen, sondern kannst den letzten Quelltext *profi1.css* einfach ändern.

```
h1
{
font-family: arial;
```

```
font-size: 18pt;
}
div
{
background-color: white;
font-family: arial;
font-size: 12pt;
border-style: solid;
border-color: red;
border-radius: 10px;
padding: 5pt;
margin: 20pt
}
p
{
background-color: white;
font-family: arial;
font-size: 12pt;
border-style: solid;
border-color: #CECECE;
border-radius: 25px;
box-shadow: 15px 15px #CECECE;
padding: 5pt;
margin: 20pt
}
```

Als Erstes habe ich den gelben Hintergrund entfernt. Dazu habe ich die Regel zum Tag body gelöscht. Der Schatten soll um die Box vom Tag p angezeigt werden, also habe ich dort das Schlüsselwort box-shadow eingefügt.

Die Farbe beim Schlüsselwort border-color habe ich nur geändert, damit der Schatten besser aussieht. Das ist ein besonders schöner Effekt, wenn der Rahmen und der Schatten die gleiche Farbe haben. Es funktioniert aber auch mit zwei verschiedenen Farben.

Die Werte zum Schlüsselwort sehen ja ganz schön kompliziert aus. Stimmt, aber es ist ganz einfach, wenn man weiß, welche Werte was bedeuten. Die Reihenfolge ist ganz wichtig! Und deshalb zeige ich dir jetzt das zugrunde liegende Schema:

```
box-shadow: horizontal vertikal Farbe
```

Du musst alle drei Werte, also die beiden Werte für die horizontale und die vertikale Ausbreitung sowie die Farbe des Schattens angeben, damit du einen solchen Schatten erhältst.

Das bedeutet, du gibst zuerst die Größe des *horizontalen Schattens* an, dann die Größe des *vertikalen Schattens* und schließlich die *Farbe des Schattens*. Und zwar genau in dieser Reihenfolge.

Die Farbe muss als Hexadezimalzahl angegeben werden. Eine Angabe mit Farbnamen (`red`, `yellow`, `blue` usw.) funktioniert nicht! Dann wird der Schatten in den meisten Browsern nicht angezeigt!

So, jetzt wird es aber Zeit, das Ergebnis im Browser zu betrachten. Speichere den Quelltext mit dem Namen *profi2.css* ab.

Für die Anzeige verwenden wir wieder die HTML-Datei aus dem letzten Beispiel. Doch bevor du das Ergebnis betrachten kannst, musst du sie noch anpassen. Ändere den Dateinamen für die CSS-Datei im Tag `link` ab:

```
<link rel="stylesheet" type="text/css" href="profi2.css">
```

Jetzt kannst du die HTML-Datei in den Browser laden und das Ergebnis anschauen.

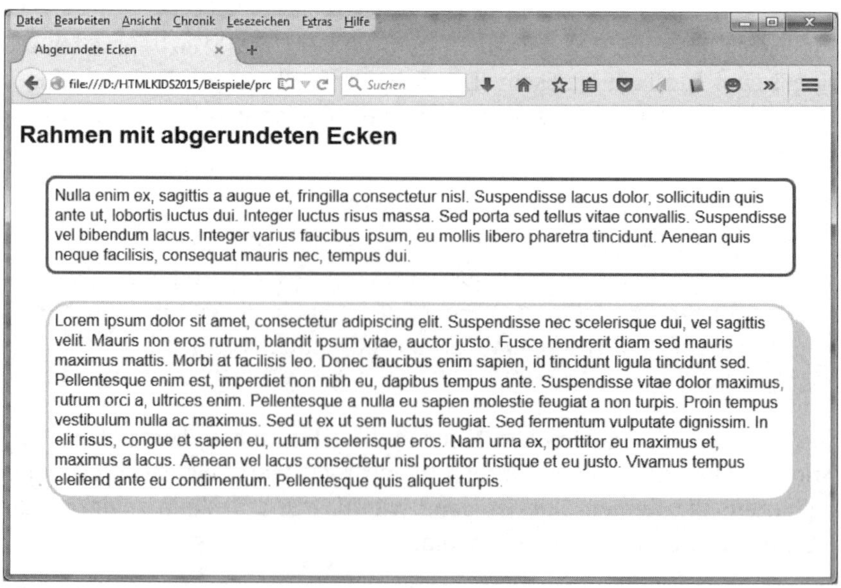

Ein Schatten um die Box

Das sieht doch schon ganz gut aus, oder? Ja, fürs Erste schon, aber du kannst noch weitere Werte angeben, denn ein Schatten hat selten so harte Konturen.

Prozentangaben sind für die Ausbreitung des Schattens nicht erlaubt!

Um den Schatten weich zu machen, kannst du noch einen dritten Wert angeben. Der sorgt für den Weichzeichnungseffekt, lässt den Schatten also nach einem richtigen Schatten aussehen.

Dieser Wert wird direkt nach dem vertikalen Wert angegeben, also vor der Farbe. Je größer dieser Wert ist, umso weicher wird der Schatten. Das kann dann so aussehen.

```
p
{
background-color: white;
font-family: arial;
font-size: 12pt;
border-style: solid;
border-color: #CECECE;
border-radius: 25px;
box-shadow: 15px 15px 5px #CECECE;
padding: 5pt;
margin: 20pt
}
```

Wenn du diese Angabe für den Weichzeicheneffekt machst, wirkt der Schatten gleich ganz anders, wie du in der Abbildung siehst. Dort wurde nur dieser Wert von 5px für die Weichzeichnung angegeben.

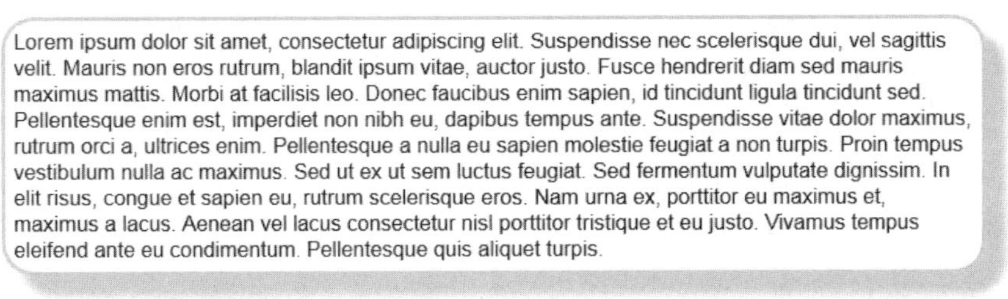

Ein weicher Schatten

Spiele ruhig mal ein wenig mit den Werten rum, damit du ein Gefühl für die Auswirkungen bekommst! Ich zeige dir jetzt noch ein paar Möglichkeiten, wie du den Schatten gestalten kannst.

Für Schatten solltest du keine dunklen Farben nehmen, sondern helle Farbtöne. Sonst wirken sie nur wie ein besonders fetter Rand.

Schattenrichtung

Der gerade erstellte Schatten fällt von links oben nach rechts unten. Das empfinden wir als natürlich. Doch du kannst den Schatten auch in jede andere Richtung fallen lassen. Die Richtung änderst du, indem du die Werte für die horizontale und die vertikale Ausbreitung mit einem Minuszeichen versiehst. Das habe ich im folgenden Beispiel gemacht:

```
p
{
background-color: white;
font-family: arial;
font-size: 12pt;
border-style: solid;
border-color: #CECECE;
border-radius: 25px;
box-shadow: -15px -15px 5px #CECECE;
padding: 5pt;
margin: 20pt
}
```

Der Schatten fällt jetzt von links unten nach rechts oben, wie es in der Abbildung zu sehen ist. Du kannst übrigens auch nur einen der beiden Werte mit einem Minuszeichen versehen. So kannst du die Schatten in jede beliebige Richtung fallen lassen.

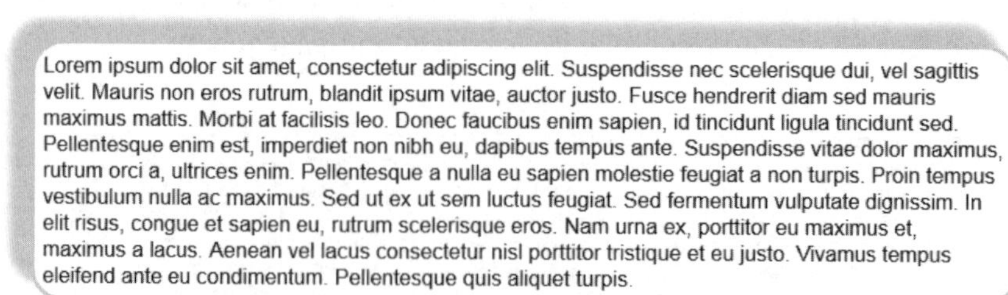

Minuszeichen vor den Werten ändern die Richtung des Schattens.

Schatten nach innen

Du hast noch immer nicht genug und willst noch mehr über die Gestaltung von Boxen und Schatten erfahren? Gut, einen Tipp habe ich noch für dich. Und der ist auch noch ganz einfach!

Wenn du den Schatten nach innen fallen lassen möchtest, dann verwendest du den Wert `inset`.

> Der Wert `inset` muss immer vor den Zahlenwerten stehen, also als Allererstes angegeben werden!

Wenn du den Wert `inset` angibst, fällt der Schatten nicht außerhalb der Box, sondern nach innen. Hast du schon mal gesehen, dass eine Box einen Farbverlauf als Hintergrund hatte? Auch das kannst du so erreichen. Schau dir das Beispiel an.

```
p
{
background-color: white;
font-family: arial;
font-size: 12pt;
border-style: solid;
border-color: #CECECE;
border-radius: 25px;
box-shadow: inset 0px 0px 25px #CECECE;
padding: 5pt;
margin: 20pt
}
```

Ich habe hier die Werte für die horizontale und die vertikale Ausbreitung des Schattens auf null gesetzt. Gleichzeitig habe ich den Wert `inset` angegeben und den Wert für die Ausbreitung stark erhöht. Ahnst du, wie das aussehen wird? Das ergibt den Farbverlauf innerhalb einer Box.

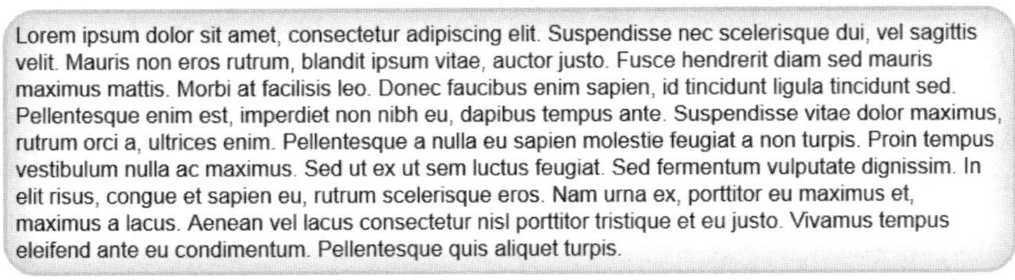
Lorem ipsum dolor sit amet, consectetur adipiscing elit. Suspendisse nec scelerisque dui, vel sagittis velit. Mauris non eros rutrum, blandit ipsum vitae, auctor justo. Fusce hendrerit diam sed mauris maximus mattis. Morbi at facilisis leo. Donec faucibus enim sapien, id tincidunt ligula tincidunt sed. Pellentesque enim est, imperdiet non nibh eu, dapibus tempus ante. Suspendisse vitae dolor maximus, rutrum orci a, ultrices enim. Pellentesque a nulla eu sapien molestie feugiat a non turpis. Proin tempus vestibulum nulla ac maximus. Sed ut ex ut sem luctus feugiat. Sed fermentum vulputate dignissim. In elit risus, congue et sapien eu, rutrum scelerisque eros. Nam urna ex, porttitor eu maximus et, maximus a lacus. Aenean vel lacus consectetur nisl porttitor tristique et eu justo. Vivamus tempus eleifend ante eu condimentum. Pellentesque quis aliquet turpis.

Schatten nach innen, wie ein Farbverlauf

> Für solche und ähnliche Tipps kannst du auch immer wieder mal auf meiner Webseite vorbeischauen: *4kids.kobert.de*.

Du hast fast unendlich viele Möglichkeiten, probiere es einfach mal aus!

Schatten für Texte

Nachdem du jetzt schon so viel über Schatten von Boxen gehört hast, stellst du dir vielleicht die Frage, ob das nicht auch mit Text geht. Ja, das geht!

Es gibt dafür das Schlüsselwort text-shadow, das genauso eingesetzt wird wie das Schlüsselwort box-shadow, nur dass es den Text betrifft. Da alle Werte identisch sind, kannst du dein Wissen bezüglich der Wertangaben hier genauso verwenden.

Du solltest das Schlüsselwort text-shadow sparsam einsetzen. Text wird so schnell schlechter lesbar. Doch ein Anwendungszweck kann echt tolle Ergebnisse liefern: Versieh doch mal deine Überschriften mit diesem Effekt.

Das nächste Beispiel zeigt die Überschrift der Beispieldatei (*profi1.html*) mit einem Schatten. Wie erwähnt, der Einsatz erfolgt analog dem Schlüsselwort box-shadow, deshalb brauche ich das nicht lange zu erklären. Sieh selbst.

```
h1
{
font-family: arial;
font-size: 18pt;
text-shadow: 10px 10px 4 #CECECE
}
```

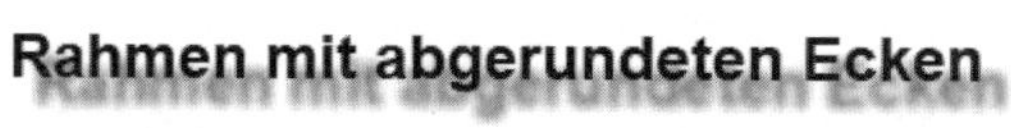

Die Überschrift mit Schatten

Auch hier kannst du wieder mit den Werten und den Farben probieren, damit du ein Gefühl dafür bekommst.

Mauszeiger ändern

Auch die Form des Mauszeigers kannst du durch ein CSS-Schlüsselwort festlegen. Es kann ganz nützlich sein, wenn sich der Mauszeiger bei verschiedenen Objekten einer Webseite anders darstellt, und außerdem ist deine Webseite so auffallender.

Stil des Mauszeigers

Die Veränderung des Mauszeigers wird bei CSS durch das Schlüsselwort `cursor` umgesetzt. Das Schema für den Einsatz sieht so aus:

```
tag { cursor: wert }
```

Dabei wird `wert` durch einen der 16 erlaubten Werte ersetzt und `tag` durch den Namen des Tags, für das dies gelten soll.

- `default` – der Standardcursor
- `crosshair` – Fadenkreuz
- `move` – Kreuz mit Pfeilspitzen an allen vier Seiten
- `wait` – Sanduhr
- `auto` – automatisches Festlegen des Cursors
- `help` – Pfeil mit Fragezeichen
- `pointer` – Hand mit Zeigefinger
- `text` – Texteingabesymbol

Die restlichen acht Werte stellen Zeiger mit verschiedenen Zeigerrichtungen dar. Dabei werden die Himmelsrichtungen zur Namensvergabe verwendet:

- `n-resize` – Norden
- `ne-resize` – Nordosten
- `e-resize` – Osten
- `se-resize` – Südosten
- `s-resize` – Süden
- `sw-resize` – Südwesten
- `w-resize` – Westen
- `nw-resize` – Nordwesten

Im Beispiel wird der Mauszeiger so definiert, dass er über der Überschrift `h1` ein Fadenkreuz, auf dem Tag `p` einen Pfeil mit Fragezeichen und über dem Inhalt von Tag `div` die Sanduhr anzeigt.

```
h1
{
cursor: crosshair
}
```

```
p
{
cursor: help
}
div
{
cursor: wait
}
```

Wenn du diese CSS-Regeln deinem Quelltext aus dem letzten Beispiel (*profi2.css*) hinzufügst, kannst du das einmal ausprobieren!

Wenn du die Form des Mauszeigers für die gesamte Webseite ändern möchtest, dann definiere den Zeiger einfach für das Tag body.

Mauszeiger durch eine Grafik ersetzen

Du kannst den Mauszeiger auch durch eine Grafikdatei ersetzen. Diese muss das spezielle Dateiformat mit der Endung **.cur* haben.

Umgesetzt wird dies mit dem bereits bekannten Schlüsselwort cursor. Du brauchst nur einen anderen Wert, er heißt url() und du kennst ihn bereits aus Kapitel 8, in dem es um Listen ging. Das könnte so aussehen:

```
body
{
cursor: url(zeiger.cur)
}
```

Hier wird der Mauszeiger durch die Grafik mit dem Namen *zeiger.cur* ersetzt und gilt für die ganze Seite, da die Definition für das Tag body vorgenommen wurde.

Den Quelltext vereinfachen

Gleiche Formatierungen für mehrere Tags

Du hast inzwischen gesehen, dass CSS-Quelltexte sehr lang werden können. Und die Quelltexte, die wir als Beispiele hatten, waren immer nur für ein paar Funktionen. Jetzt stelle dir einmal vor, wie lang so ein Quelltext ist, der eine ganze Webseite definiert.

Da wäre es doch schön, wenn man sich die Arbeit etwas erleichtern kann. Und das geht auch! Du kannst CSS-Regeln für Tags auch zusammenfassen.

Dazu listest du die Tags, auf die eine CSS-Regel zutreffen soll, einfach mit Kommata getrennt hintereinander auf. Das sieht dann z.B. so aus:

```
table, tr, th
{
border-width: thin;
border-style: solid;
border-collapse: separate
}
```

Dieses Beispiel hatten wir bereits in Kapitel 9, als du den CSS-Quelltext (*tabelle1.css*) zu Tabellen erstellt hast. Dort sah es allerdings noch so aus:

```
table
{
border-width: thin;
border-style: solid;
border-collapse: separate
}
tr
{
border-width: thin;
border-style: solid;
border-collapse: separate
}
td
{
border-width: thin;
border-style: solid;
border-collapse: separate
}
```

Beides bewirkt genau das Gleiche. Du kannst dir mit diesem Trick also eine Menge Tipparbeit ersparen und außerdem sinkt die Gefahr, dass du dich vertippst.

Zusammenfassende Schlüsselwörter

Die meisten Schlüsselwörter, die aus zwei Wörtern mit einem Bindestrich dazwischen bestehen, lassen sich zusammenfassen. Erinnerst du dich an die Schlüsselwörter `font-family`, `font-style`, `font-style` usw.? Sie lassen sich zum Schlüsselwort `font` zusammenfassen.

Mit dem Schlüsselwort `font` kannst du alle Schlüsselwörter, die mit `font-` beginnen, ersetzen.

```
p
{
font: arial small italic small-caps
}
```

Diese CSS-Regel bewirkt bei der Anzeige das Gleiche wie die folgende. Allerdings wirst du das wohl erst einsetzen, wenn du richtig fit in CSS bist und viele Werte im Kopf hast.

Wenn dir mal ein Schlüsselwort oder ein passender Wert entfallen ist, kannst du auch einen Blick in die Referenz im nächsten Kapitel werfen.

```
p
{
font-family: arial
font-size: small
font-style: italic
font-variant: small-caps
}
```

Diese zusammenfassenden Schlüsselwörter gibt es, wie bereits erwähnt, für einige Schlüsselwörter. Die wichtigsten sind:

```
font, list-style, border, background, margin, padding
```

Es funktioniert immer auf die gleiche Art und Weise. Das zusammenfassende Schlüsselwort bekommt die Werte der einzelnen Schlüsselwörter zugeordnet.

Die Werte für zusammenfassende Schlüsselwörter werden einfach hintereinander aufgelistet. Dabei sind sie nur durch ein Leerzeichen getrennt.

In der Referenz findest du mehr zu zusammenfassenden Schlüsselwörtern.

Text positionieren

In diesem Kapitel hast du nun schon viele tolle Möglichkeiten kennengelernt, wie du deine Seite verschönern kannst.

Die Möglichkeiten von CSS gehen aber noch viel weiter. An dieser Stelle erkläre ich dir noch einige Funktionen, die es dir ermöglichen, den Text genau zu positionieren.

Dieses Thema macht dich zum absoluten CSS-Profi!

Dazu kannst du die Anzeige eines jeden Tags an einer beliebigen Stelle positionieren, sowohl absolut als auch relativ zu der Position anderer Tags oder des Fensterrandes. Dabei erfolgt die Positionierung nicht in der Art: links ausrichten, rechts ausrichten und zentrieren, sondern du kannst die Position auf das Pixel genau angeben.

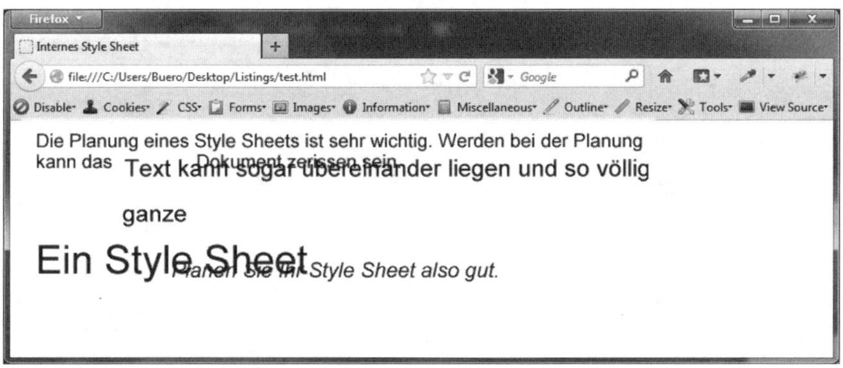

So sollte es nach der Positionierung nicht aussehen!

Doch das Positionieren von Tags muss gut geplant sein. Das Beispiel in der Abbildung war es nicht und dadurch kommt es zu diesem heillosen Durcheinander.

Dort wurden Positionen für Tags definiert, die doppelt vorkamen und nicht durch *Klassen* ausgezeichnet waren. Außerdem wurde vergessen, auf die Verschachtelungen der Tags einzugehen, sodass der Text zusätzlich noch zerrissen wurde. Aber das wird dir bestimmt nicht passieren.

Um so etwas zu verhindern, musst du den Einsatz von Schlüsselwörtern zur Positionierung sehr genau planen.

Stelle dir am besten ein Gitternetz auf der Fläche des Browserfensters vor, so verstehst du das Folgende leichter. So lassen sich Seiteninhalte in der Anzeige durch CSS genau planen.

Das folgende Beispiel zeigt dir die Positionierung von zwei Tags auf einer Seite. Keine Angst, ich erkläre es dir gleich.

```
<!DOCTYPE html>
<html>
<head>
<title>Positionieren</title>
<style>

h2
{
position: absolute;
left: 100px;
top: 50px;
font-family: arial
}
p
{
position: absolute;
left: 320px;
top: 200px;
width: 260px;
font-family: arial;
border-style: solid;
padding: 5pt;
margin: 20pt
}

</style>
</head>
<body>
<h2> Absolute Positionierung </h2>
<p> Die absolute Positionierung kann den Inhalt eines Tags an
einer beliebigen Stelle der Seite anzeigen lassen. Dies hier wird
200px vom linken Seitenrand entfernt angezeigt. Der Abstand zum
oberen Rand des Browserfensters beträgt 250px. </p>
</body>
</html>
```

In dem Beispiel fallen dir bestimmt die drei Schlüsselwörter auf, die du noch nicht kennst: `position`, `left` und `top`. Damit nun der Inhalt eines

Tags genau positioniert werden kann, müssen alle drei Schlüsselwörter zusammen verwendet werden. Du musst einen Bezugspunkt festlegen und die horizontale sowie die vertikale Position angeben.

Da es hier um ein einzelnes und dazu noch kleines Beispiel geht, habe ich ein internes Stylesheet verwendet.

Wie du die Schlüsselwörter verwendest, erkläre ich dir gleich ganz ausführlich. Doch vorher bitte ich dich, den Quelltext abzutippen und mit dem Namen *position.html* abzuspeichern. Du wirst ihn nachher noch brauchen.

Bevor ich alles erkläre, möchtest du bestimmt sehen, wie das im Browser aussieht. Lade also das Beispiel in den Browser und schau es dir an.

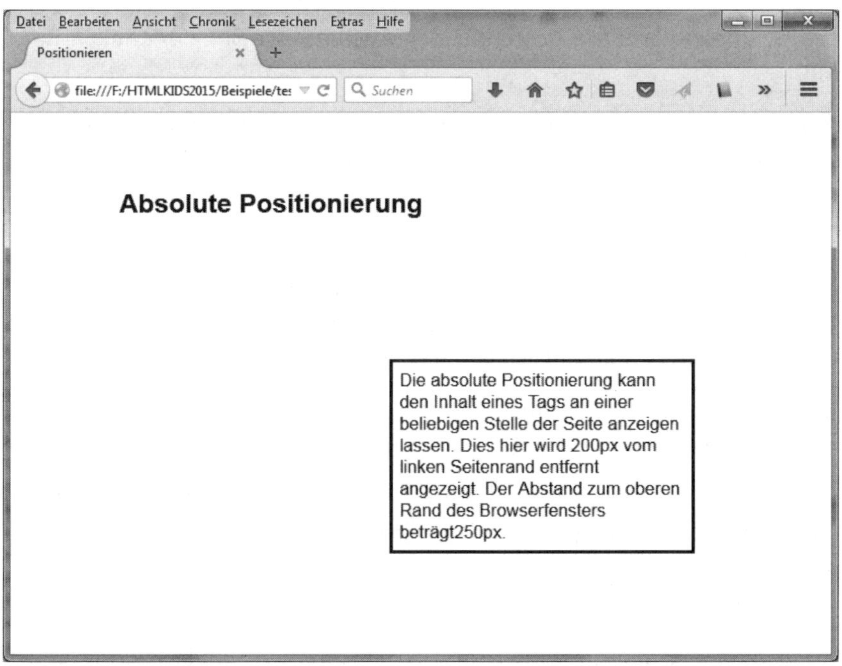

Die Überschrift und die Box mit dem Text sind absolut positioniert.

Festlegen des Bezugspunkts

Doch was hast du gemacht? Als Erstes musst du festlegen, ob die Position, an der das Tag abgebildet werden soll, eine absolute Position ist, in diesem Fall also in Relation zum oberen Rand steht. Oder soll die Positionsangabe in Relation zu der Position eines anderen Tags stehen? Das hast du mit dem Schlüsselwort `position` festgelegt. Das Schlüsselwort `position` kann vier feste Werte haben:

- `static` – die normale Platzierung
- `absolute` – eine absolute, aber veränderliche Platzierung
- `fixed` – eine feste, unveränderliche Platzierung
- `relative` – eine Platzierung in Relation zur Box

Der Wert `fixed` ist mit äußerster Vorsicht einzusetzen, da hier, je nach Fenstergrößen und Position der anderen Boxen, Probleme auftreten können.

Festlegen der horizontalen Position

Nachdem du den Bezugspunkt definiert hast, hast du die Position festgelegt. Die horizontale Position hast du durch das Schlüsselwort `left` bestimmt. Dabei hast du den Wert in Pixeln angegeben.

Das Schlüsselwort `left` bestimmt den Abstand der Box zum linken Rand hin.

Anstelle des Schlüsselworts `left` kannst du auch das Schlüsselwort `right` verwenden. Dann erfolgt die Positionierung vom rechten Fensterrand aus.

Festlegen der vertikalen Position

Es reicht für eine genaue Positionierung aber nicht aus, nur die horizontale Position festzulegen. Da in einem HTML-Dokument immer mehrere Boxen enthalten sind, muss der Inhalt auch vertikal positioniert werden.

Das hast du mit dem Schlüsselwort `top` gemacht und auch hier hast du den Wert in Pixeln angegeben.

Statt die Positionierung vom oberen Rand aus festzulegen, kannst du dich auch auf den unteren Rand der Seite beziehen. Dann verwendest du das Schlüsselwort `bottom`.

Für die Positionierung musst du immer die drei Schlüsselwörter für den Bezugspunkt, die horizontale und die vertikale Position angeben. Wenn du eines vergessen solltest, sieht dein Text ganz schnell so aus wie in der vorletzten Abbildung.

Es gibt noch weitere Möglichkeiten der Positionierung. Dieser Abschnitt hat dir eine Einführung in dieses Profithema gegeben.

In der Praxis werden meist nicht ganze Seiten mit allen darauf vorkommenden Inhalten positioniert, sondern nur bestimmte Boxen. Wenn du mehr darüber wissen möchtest, dann google doch mal. Im Internet findest du viele Einsatzbeispiele.

Und zum Abschluss noch ein wichtiger Hinweis:

Wenn du eine CSS-Regel erstellst, in der eine Box positioniert wird, schreibe zuerst die Schlüsselwörter für die Positionierung in den Quelltext. Erst danach solltest du die Schlüsselwörter für Rahmen, Abstand und Textformatierung verwenden. Sonst kann es passieren, dass die Positionierung nicht richtig auf der Seite angezeigt wird!

Zusammenfassung

- Die Ecken von Rahmen kannst du mit dem Schlüsselwort `border-radius` abrunden.
- Du kannst Rahmen einen Schatten hinzufügen. Dazu hast du das Schlüsselwort `box-shadow` kennengelernt.
- Auch Text kannst du mit CSS einen Schatten hinzufügen.
- Das Schlüsselwort `cursor` ermöglicht es dir, den Mauszeiger deiner Besucher zu ändern, solange sie deine Seite ansehen.
- Du hast erfahren, wie du die langen CSS-Quelltexte vereinfachen kannst.
- Du hast gesehen, wie du Inhalte frei auf der Seite an jeder beliebigen Stelle positionieren kannst.

Ein paar Fragen ...

1. Mit welchem Schlüsselwort kannst du die Ecken von Rahmen abrunden? Welche Werte darfst du dabei verwenden?
2. Was musst du beachten, wenn du einen Schatten für eine Box mit abgerundeten Ecken definierst?
3. Wie erreichst du es, dass der Schatten einer Box nach »innen« fällt?
4. Wie lässt du deinen Text einen »Schatten werfen«?
5. Wie kannst du CSS-Regeln, die für mehrere Tags gelten, zusammenfassen?

6. Welche Schlüsselwörter kannst du mit dem Schlüsselwort font zusammenfassen? Nenne bitte drei.
7. Was musst du alles definieren, wenn du eine Position eines Inhalts punktgenau festlegen möchtest?

... und ein paar Aufgaben

1. Erstelle die CSS-Regel für eine Box (Tag p), die folgende Eigenschaften hat: Schriftart Arial, 14pt Schriftgröße, sichtbarer Rahmen in Blau mit 5px Dicke, ein Innenabstand von 7px, ein Außenabstand von 12px und einen Schatten, der nach innen fällt und so einen Farbverlauf erzeugt. Die Farbe des Schattens ist ein helles Grau.
2. Fasse den folgenden CSS-Quelltext so weit wie möglich zusammen:

```
h1
{
font-family: serif
}
span
{
font-family: arial;
font-style: normal;
font-size: 30pt
}
p
{
font-family: arial:
font-size: 12pt:
border-style: solid:
border-color: green
}
div
{
font-family: arial;
font-style: normal;
font-size: 30pt
}
```

Positioniere den Inhalt des Tags p an folgender absoluter Position: 400px vom rechten Fensterrand und 300px vom unteren Rand. Erstelle die CSS-Regel.

A

Referenzteil

Nachdem du im Buch CSS gelernt hast, möchte ich dir hier eine Referenz der wichtigsten CSS-Schlüsselwörter an die Hand geben. Grundlage für diese Referenz ist CSS 3, das jedoch ein ständig fortschreitender Prozess ist. Alle Bereiche aus CSS 3, die noch nicht ausdefiniert sind, habe ich hier nicht berücksichtigt.

- Schrift
- Textdarstellung
- Listen
- Tabellen
- Rahmen
- Hintergründe
- Abstände
- Größenangaben
- Positionierung
- Bildschirmausgabe

A

CSS-Referenz

In dieser Referenz habe ich mich auf die Schlüsselwörter beschränkt, die für das Erstellen einer ansehnlichen Webseite unumgänglich sind. Nicht enthalten sind Schlüsselwörter z.B. zur Inhaltsgenerierung und zur Sprach- oder Druckausgabe. Mit dieser Referenz sollst du in der Lage sein, CSS sinnvoll einsetzen zu können.

Wenn du weiterführende Informationen und Beispiele suchst, dann schau doch auf meiner Webseite zum Buch vorbei: *4kids.kobert.de*.

Die folgenden Abschnitte sind für eine bessere Übersichtlichkeit nach Einsatzzweck sortiert.

Schrift

font

Mit `font` können Schriftformatierungen inklusive weiterer Attribute wie z.B. Schriftgröße und Schriftart definiert werden.

Dies ist ein zusammenfassendes Schlüsselwort. Deshalb können alle erlaubten Werte der Gruppe getrennt durch Leerzeichen angegeben werden.

font-effect

Dieses Schlüsselwort versieht Buchstaben mit visuellen Effekten. Dazu stehen die folgenden Standardwerte zur Verfügung.

```
p { font-effect:engrave }
```

none	kein Effekt
emboss	3D-hervorgehoben
engrave	3D-eingraviert
outline	umrandete Schrift

font-family

Mit `font-family` kann Texten eine Schriftart, z.B. Arial, zugewiesen werden. Mehrere Alternativen können durch Kommata getrennt aufgelistet werden. Mögliche Werte, die neben den Namen der Schriftarten eingesetzt werden können, findest du in der Tabelle.

```
b { font-family:Helvetica,Arial;sans-serif; }
```

`serif`	Serifen-Schrift
`sans-serif`	serifenlose Schrift
`fantasy`	verzierte Schrift
`monospace`	Schreibmaschinenschrift
`cursive`	kursive Schrift

font-size

Dieses Schlüsselwort legt die Schriftgröße fest. Sie kann einen Zahlenwert haben, der die Größe in Punkt angibt (z.B. 14pt). Prozentwerte sind ebenfalls möglich, aber nicht empfohlen. Stattdessen können auch folgende Werte verwendet werden.

```
i { font-size:30pt }
```

`xx-small`	besonders kleine Schrift
`x-small`	sehr kleine Schrift
`small`	kleine Schrift
`medium`	normal große Schrift
`large`	große Schrift
`x-large`	sehr große Schrift
`xx-large`	besonders große Schrift
`larger`	größere Schrift
`smaller`	kleinere Schrift

font-style

Mit diesem Befehl wird der Stil der Schriftart bestimmt.

```
p { font-style:italic }
```

`normal`	normale Schrift
`italic`	kursive Schrift
`oblique`	kursive Schrift

font-variant

Dieser Befehl ermöglicht den Einsatz von Kapitälchen und kann die Werte `normal` oder `small-caps` annehmen.

```
b { font-variant:small-caps }
```

font-weight

Dieses Tag bestimmt die Gewichtung der Schriftart. `font-weight` kann folgende Werte annehmen.

```
p { font  weight:bold }
```

`lighter`	dünn
`bold`	dick
`bolder`	dicker
`normal`	normal
`100` bis `900`	Zahlenwert von 100 gleich dünn bis 900 gleich dick

Textdarstellung

color

Dies definiert die Farbe des Textes. Gültig sind alle Farbnamen (siehe Liste im Anhang) oder hexadezimale Werte.

```
p { color:blue; }
```

letter-spacing

Dieses Schlüsselwort definiert den Leerraum zwischen den einzelnen Buchstaben. Der Wert wird in der Regel absolut in Pixeln angegeben.

```
p { letter-spacing:10px }
```

line-height

Mit dem Schlüsselwort `line-height` wird die Zeilenhöhe eines Textes angegeben. Die Angabe kann sowohl absolut als auch prozentual erfolgen.

```
p { line-height:24px }
```

text-align

Dieser Befehl ermöglicht das automatische Ausrichten von Texten in bestimmte Richtungen. Folgende Werte aus der Tabelle sind möglich.

```
b { text-align:justify }
```

`left`	links
`right`	rechts
`center`	mittig
`justify`	Blocksatz
`start`	Anfang
`end`	Ende
`match-parent`	Bezugspunkt

text-decoration

Mit `text-decoration` kann Text durch-, unter- oder überstrichen dargestellt werden. Dabei sind folgende Werte aus der Tabelle möglich.

```
p { text-decoration:blink }
```

`none`	normal
`underline`	unterstrichen
`overline`	überstrichen
`line-through`	durchgestrichen

text-decoration-color

Dies definiert die Farbe der Linie, die mit dem Schlüsselwort `text-decoration` gesetzt wurde. Gültig sind alle Farbnamen oder hexadezimalen Werte.

```
p { text-decoration:underline; text-decoration-color:blue }
```

text-decoration-style

Dieses Schlüsselwort definiert den Stil der Linie bei `text-decoration`. Dabei sind die folgenden Werte möglich:

```
p { text-decoration:underline; text-decoration-style:wavy }
```

solid	einfache Linie
double	doppelte Linienführung
dotted	gepunktete Linie
dashed	gestrichelte Linie
wavy	wellenförmige Linie

text-indent

Dieses Schlüsselwort ermöglicht das Einrücken der ersten Textzeile in einem Absatz. Der Wert kann absolut oder auch prozentual angegeben werden.

```
p { text-indent:10px }
```

text-shadow

Mit diesem Schlüsselwort lässt sich ein Schatten hinter Text erzeugen. Dabei kannst du sowohl die Farbe wie auch die Schriftgröße des Schattens definieren.

```
p { text-shadow:red; 5px }
```

text-transform

Dieses Schlüsselwort regelt die Schreibweise des Textes, wobei folgende Möglichkeiten aus der nachfolgenden Tabelle bestehen:

```
p {text-transform:capitalize }
```

capitalize	Kapitälchen
uppercase	Großschrift
lowercase	Kleinschrift
none	keine

white-space

Mit diesem Schlüsselwort wird der Zeilenumbruch innerhalb einer Webseite festgelegt. Dabei sind die in der Tabelle ersichtlichen Werte möglich.

```
p { white-space:nowrap }
```

normal	keine Zeilenumbrüche
pre	Zeilenumbrüche wie im Quelltext
nowrap	Zeilenumbrüche nur durch und Löschen doppelter Leerzeichen
pre-wrap	erzwungener Zeilenumbruch auch bei fehlendem Platz
pre-line	Zeilenumbrüche wie im Quelltext und Löschen doppelter Leerzeichen

word-spacing

Mit `word-spacing` wird der Leerraum zwischen Wörtern bestimmt. Die Angabe kann sowohl absolut als auch prozentual erfolgen.

```
i { word-spacing:0.2em }
```

Listen

list-style

Mit dem Schlüsselwort `list-style` können Listen formatiert werden. So können z.B. das Listensymbol, die Listenausrichtung und die Listenart bestimmt werden.

> Dies ist ein zusammenfassendes Schlüsselwort. Deshalb können alle erlaubten Werte der Gruppe getrennt durch Leerzeichen angegeben werden.

Mit `list-style` kannst du die Werte der folgenden Schlüsselwörter zusammengefasst festlegen:

- `list-style-type`
- `list-style-position`
- `list-style-image`

list-style-image

Mit diesem Schlüsselwort wird das Verwenden von eigenen Listenpunkten im JPG-, PNG- oder GIF-Format ermöglicht, die unter der angegebenen URL zu finden sein müssen.

```
ul { list-style-image:url(bild.png) }
```

list-style-position

Mit diesem Schlüsselwort legst du fest, wie eine Liste eingerückt dargestellt wird. Die Werte von `list-style-position` findest du in der Tabelle

```
ul { list-style-position:inside; }
```

inside	Einrückung
outside	Ausrückung

list-style-type

Durch `list-style-type` wird das Listensymbol, das vor jedem Listeneintrag angezeigt wird, definiert. Die folgenden in der Tabelle benannten Werte sind möglich.

```
ul { list-style-type:square }
```

disc	Scheibe
circle	Kreis
square	Quadrat
decimal	Dezimalzahlen
decimal-leading-zero	Dezimalzahlen mit vorangestellter 0
lower-roman	römisch, klein (i, ii, iii ...)
upper-roman	römisch, groß (I, II, III ...)
lower-alpha	Buchstaben, klein (a, b, c ...)
upper-alpha	Buchstaben, groß (A, B, C ...)
none	keine

Tabellen

border-collapse

Durch dieses Schlüsselwort legst du fest, wie die Rahmen der Zellen dargestellt werden. Verwende den Wert collapse, damit ein einfacher Rahmen durch die Tabelle gezogen wird, der Wert separate bewirkt für jede Zelle einen einzelnen Rahmen.

```
table { border-collapse:separate; }
```

border-spacing

Das Schlüsselwort border-spacing definiert den Abstand bei Tabellenzellen. Dabei erfolgt die Wertangabe absolut in numerischer Form.

```
table { border-spacing:5px; }
```

Dieses Schlüsselwort hat nur eine Wirkung, wenn für border-collapse der Wert separate angegeben wurde oder das Schlüsselwort gar nicht definiert wurde.

caption-side

Das Schlüsselwort caption-side formatiert eine Tabellenunterschrift. Dabei kann diese so positioniert werden, dass es auch eine Überschrift wird. Die erlaubten Werte findest du in der folgenden Tabelle.

```
caption {caption-side:top }
```

top	zentrierte Überschrift
bottom	zentrierte Unterschrift

empty-cells

Dieses Schlüsselwort definiert die Anzeige von leeren Zellen einer Tabelle. Der Wert show zeigt dann leere Zellen an, der Wert hide versteckt diese.

Dieses Schlüsselwort hat nur eine Auswirkung, wenn border-collapse den Wert separate hat.

```
table { empty-cells:hide; }
```

table-layout

Dieses Schlüsselwort definiert die Spaltenbreiten in Tabellen im Verhältnis zum umgebenden Inhalt. Eine dynamische Spaltenbreite erhält man bei Einsatz des Wertes auto, der Wert fixed hingegen legt feste Spaltenbreiten fest.

```
table { table-layout:fixed; }
```

vertical-align

Mit dem Schlüsselwort vertical-align wird die Ausrichtung von Elementen in einer Tabellenzeile festgelegt. Dabei sind neben absoluten Angaben in Pixeln auch die Werte der folgenden Tabelle erlaubt.

```
td { vertical-align:central }
```

auto	automatisches Ausrichten
top	oben ausrichten
bottom	unten ausrichten
middle	in der Mitte ausrichten
baseline	ab der unteren Linie ausrichten
super	hochstellen
sub	tiefstellen
text-top	am oberen Rand ausrichten
text-bottom	am unteren Rand ausrichten
use-script	Ausrichten durch ein Skript
central	mittiges Ausrichten

Rahmen

border

Mit diesem Schlüsselwort werden Rahmen definiert.

Dies ist ein zusammenfassendes Schlüsselwort. Deshalb können alle erlaubten Werte der border-Gruppe getrennt durch Leerzeichen angegeben werden.

```
p { border:10pt outset }
```

border-bottom

Mit dem Schlüsselwort `border-bottom` wird ein Rahmen unter einem anderen Objekt definiert.

> Dies ist ein zusammenfassendes Schlüsselwort. Deshalb können alle erlaubten Werte der Gruppe `border-bottom` getrennt durch Leerzeichen angegeben werden.

```
p { border-bottom:dotted #ffffff }
```

border-bottom-color

Dieses Schlüsselwort legt die Farbe eines Rahmens fest. Als Werte sind Farbnamen und hexadezimale Farbwerte zulässig.

```
p { border-bottom-color:red }
```

border-bottom-left-radius

Diese CSS-Eigenschaft ermöglicht abgerundete Ecken unten links. Dabei kann der Wert absolut oder prozentual angegeben werden.

```
p { border-bottom-left-radius:10px }
```

border-bottom-right-radius

Diese CSS-Eigenschaft ermöglicht abgerundete Ecken unten rechts. Dabei kann der Wert absolut oder prozentual angegeben werden.

```
p { border-bottom-right-radius:10px }
```

border-bottom-style

Hier legst du den Stil des unteren Rahmens fest. Die erlaubten Werte findest du in der Tabelle.

```
p { border-bottom-style:solid }
```

none	keine Linie
hidden	versteckte Linie
dotted	gepunktete Linie

dashed	gestrichelte Linie
solid	Linie
double	doppelte Linie
groove	3D-Effekt
ridge	3D-Effekt
inset	3D-Effekt
outset	3D-Effekt

border-bottom-width

Dieser Befehl legt die Dicke des Rahmens unter einem Objekt fest. Es wird die Liniendicke in Pixeln oder ein Wert aus der Tabelle angegeben.

```
p { border-bottom-width:3pt }
```

thin	dünn
medium	mittel
thick	dick

border-color

Das Schlüsselwort border-color definiert die Farbe einer Rahmenlinie. Erlaubte Angaben sind ein gültiger Farbname oder der Hex-Wert einer Farbe.

```
p { border:10pt outset; border-color:#000000 }
```

border-left

Mit dem Schlüsselwort border-left lassen sich die Rahmeneigenschaften für einen linken Rahmen festlegen.

Dies ist ein zusammenfassendes Schlüsselwort. Deshalb können alle erlaubten Werte der Gruppe border-left getrennt durch Leerzeichen angegeben werden.

```
p { border-left:5pt outset }
```

border-left-color

Mit diesem Schlüsselwort wird die Rahmenfarbe für den linken Rahmen festgelegt. Der Wert kann entweder ein gültiger Farbname oder der Hex-Wert einer Farbe sein.

```
p { border-left-color:red }
```

border-left-style

Dieses Schlüsselwort legt den Stil für die Rahmendarstellung der linken Seite fest. Erlaubte Werte findest du in der folgenden Tabelle.

```
p { border-left-style:hidden }
```

none	keine Linie
hidden	versteckte Linie
dotted	gepunktete Linie
dashed	gestrichelte Linie
solid	Linie
double	doppelte Linie
groove	3D-Effekt
ridge	3D-Effekt
inset	3D-Effekt
outset	3D-Effekt

border-left-width

Mit diesem Schlüsselwort wird die Breite des Rahmens links von einem Objekt definiert, wobei der Wert in absoluten numerischen Zahlen angegeben wird. Außerdem können die Werte aus der Tabelle verwendet werden.

```
p { border-left-width:5pt }
```

thin	dünn
medium	mittel
thick	dick

border-radius

Diese CSS-Eigenschaft ermöglicht abgerundete Ecken bei einem Rahmen. Dabei kann der Wert absolut oder prozentual angegeben werden.

```
p { border-bottom-radius:20px }
```

border-right

Dieser Befehl definiert die Breite des rechten Rahmens.

Dies ist ein zusammenfassendes Schlüsselwort. Deshalb können alle erlaubten Werte der `border-right`-Gruppe getrennt durch Leerzeichen angegeben werden.

```
p { border-right:5pt inset }
```

border-right-color

Dieses Schlüsselwort definiert die Rahmenfarbe auf der rechten Rahmenseite. Gültige Werte sind die standardisierten Farbnamen oder Hex-Werte der Farben.

```
p { border-right-color:red }
```

border-right-style

Dieses Schlüsselwort legt den Stil für die Rahmendarstellung der rechten Seite fest. Erlaubte Werte findest du in der Tabelle.

```
p { border-right-style:dotted }
```

none	keine Linie
hidden	versteckte Linie
dotted	gepunktete Linie
dashed	gestrichelte Linie
solid	Linie
double	doppelte Linie
groove	3D-Effekt
ridge	3D-Effekt

inset	3D-Effekt
outset	3D-Effekt

border-right-width

Mit dem Schlüsselwort border-right-width wird die Dicke des rechten Rahmens festgelegt. Neben einer Angabe in Punkt oder Pixeln kannst du auch die Standardwerte aus der Tabelle verwenden.

```
p { border-right-width:5pt }
```

thin	dünn
medium	mittel
thick	dick

border-style

Dieses Schlüsselwort definiert die Rahmeneigenschaften, also die Art der Rahmenlinien. Der Wert kann die Werte aus der Tabelle annehmen.

```
p { border-style:ridge }
```

none	keine Linie
hidden	versteckte Linie
dotted	gepunktete Linie
dashed	gestrichelte Linie
solid	Linie
double	doppelte Linie
groove	3D-Effekt
ridge	3D-Effekt
inset	3D-Effekt
outset	3D-Effekt

border-top

Mit dem Schlüsselwort border-top werden zusammengefasst verschiedene Werte (z.B. Farbe oder Linienstärke) dem oberen Rand des Rahmens zugewiesen.

Dies ist ein zusammenfassendes Schlüsselwort. Deshalb können alle erlaubten Werte der border-top-Gruppe getrennt durch Leerzeichen angegeben werden.

```
p { border-top:5  inset }
```

border-top-color

Dieses Schlüsselwort legt die Farbe des oberen Rahmens fest. Als Werte sind alle gültigen Farbnamen (siehe Anhang) und hexadezimalen Farbwerte erlaubt.

```
p { border-top-color:red }
```

border-top-style

Dieses Schlüsselwort definiert die Rahmeneigenschaften des oberen Randes und kann die Werte, die in der Tabelle aufgelistet sind, haben.

```
p { border-top-style:solid }
```

none	keine Linie
hidden	versteckte Linie
dotted	gepunktete Linie
dashed	gestrichelte Linie
solid	Linie
double	doppelte Linie
groove	3D-Effekt
ridge	3D-Effekt
inset	3D-Effekt
outset	3D-Effekt

border-top-width

Der Rahmen über einem Objekt wird mit diesem Befehl definiert. Der Wert kann in Punkt oder Pixeln angegeben werden, zusätzlich sind die Werte aus der Tabelle erlaubt.

```
p { border-top-width:3pt }
```

thin	dünn
medium	mittel
thick	dick

border-width

Dieser Befehl legt die Rahmenstärke um ein Objekt fest, wobei der Wert in Punkt oder Pixeln sowie durch die Standardwerte aus der Tabelle angegeben werden kann.

```
p { border-width=5pt }
```

thin	dünn
medium	mittel
thick	dick

outline

Das Schlüsselwort `outline` erzeugt einen Rahmen um ein anderes Objekt. Hier können zusammengefasst mehrere Werte definiert werden.

> Dies ist ein zusammenfassendes Schlüsselwort. Deshalb können alle erlaubten Werte der `outline`-Gruppe getrennt durch Leerzeichen angegeben werden.

```
p { outline:10pt outset }
```

outline-color

Dieses Schlüsselwort bestimmt die Farbe des Rahmens mit `outline`. Es dürfen alle gültigen Farbnamen (siehe Anhang) oder die Hex-Werte beliebiger Farben angegeben werden.

```
p { outline-color:#111111 }
```

outline-offset

Dieses Schlüsselwort legt den Abstand der Kontur fest, die Angabe erfolgt absolut in Pixeln.

```
p { outline-offset:25px }
```

outline-style

Dieses Schlüsselwort definiert die Rahmeneigenschaften. Der Wert kann einen Wert aus der folgenden Tabelle annehmen.

```
p { outline-style:ridge }
```

none	keine Linie
hidden	versteckte Linie
dotted	gepunktete Linie
dashed	gestrichelte Linie
solid	Linie
double	doppelte Linie
groove	3D-Effekt
ridge	3D-Effekt
inset	3D-Effekt
outset	3D-Effekt

outline-width

Dieses Schlüsselwort legt die Dicke des Rahmens unter einem Objekt fest. Neben einer absoluten Angabe in Punkt oder Pixeln können auch die Werte aus der Tabelle verwendet werden.

```
p { outline-width:15pt }
```

thin	dünn
medium	mittel
thick	dick

Hintergründe

background

Die zusammenfassende Eigenschaft background erlaubt es, den Seitenhintergrund zu definieren.

Dies ist ein zusammenfassendes Schlüsselwort. Deshalb können alle erlaubten Werte der border-Gruppe getrennt durch Leerzeichen angegeben werden.

```
p { background:red fixed }
```

background-attachment

Das Schlüsselwort background-attachment entscheidet darüber, ob der Hintergrund fixiert ist oder ob er mitscrollt. Natürlich funktioniert das nur, wenn überhaupt ein Hintergrund definiert ist. Erlaubt sind die Werte der Tabelle.

```
p { background-attachment:fixed }
```

scroll	Hintergrund scrollt mit.
fixed	Hintergrund ist fixiert.
local	an das Schlüsselwort des HTML-Elements gebunden

background-clip

Mit diesem Schlüsselwort wird die Art der Ausfüllung der Hintergrundfläche definiert. Die Werte der Tabelle sind möglich.

```
p { background-clip:padding-box }
```

border-box	ganzer Hintergrund
padding-box	Hintergrund inklusive Rahmen
content-box	Inhalt mit Hintergrund

background-color

Durch dieses Schlüsselwort wird eine Hintergrundfarbe definiert, der Wert darf entweder durch einen Hex-Wert oder den Farbnamen angegeben werden.

```
b { background-color:blue }
```

background-image

Das Schlüsselwort background-image fügt eine Hintergrundgrafik im Dateiformat GIF, JPG oder PNG ein.

```
p { background-image:url(bild.jpg) }
```

background-origin

Dieses Schlüsselwort gibt an, wo eine Grafik ausgerichtet werden soll, am Rahmen, am Innenabstand oder am Inhalt. Verwendet werden dürfen dabei die Werte aus der Tabelle.

```
body { background-origin:border-box }
```

border-box	Ausrichtung am Rahmen
padding-box	Ausrichtung am Innenabstand
content-box	Ausrichtung am Inhalt

background-position

Dieser Befehl legt die Ausrichtung einer eingebauten Grafik fest. Dies kann durch Zahlenwerte (z.B. background-position:33pt 33pt) oder Ausrichtungswerte aus der Tabelle geschehen.

Bei Verwendung von Zahlenwerten wird der Abstand in Punkt zum linken und zum oberen Rand angegeben.

```
body { background-position:bottom }
```

left	Ausrichtung links
center	mittige Ausrichtung
right	Ausrichtung rechts
top	Ausrichtung oben
bottom	Ausrichtung unten

background-repeat

Mit dem Schlüsselwort background-repeat wird die Darstellung von Hintergrundbildern definiert. Dafür können die Werte aus der Tabelle verwendet werden.

```
body { background- repeat:no-repeat }
```

no-repeat	Bild wird einmal dargestellt.
repeat	Bild wird gekachelt dargestellt.
repeat-x	Bild wird auf der x-Achse gekachelt.
repeat-y	Bild wird auf der y-Achse gekachelt.
space	Bild wird so oft wiederholt, wie es in das Element passt. Die Bildgröße wird dabei angepasst.
round	Bild wird so oft wiederholt, wie es in das Element passt. Die Bildgröße wird dabei nicht angepasst.

Abstände

margin

Mit dem Schlüsselwort `margin` wird der Abstand zwischen Elementen und dem Seitenrand definiert. Die Angabe erfolgt entweder als prozentualer oder als absoluter Wert.

Dies ist ein zusammenfassendes Schlüsselwort. Deshalb können alle erlaubten Werte der `margin`-Gruppe getrennt durch Leerzeichen angegeben werden. Ein einzelner Wert gibt diesen für alle vier Seiten vor.

```
body { margin:50px }
```

margin-bottom

Mit diesem Schlüsselwort wird der Abstand zwischen Elementen zum unteren Rand bestimmt. Die Angabe kann entweder als prozentualer oder als absoluter Wert erfolgen.

```
table { margin-bottom:10px }
```

margin-left

Dieses Schlüsselwort definiert den Abstand zwischen Elementen zum linken Rand.

```
ul { margin-left:50px }
```

margin-right

Mit dem Schlüsselwort `margin-right` wird der Abstand zwischen Elementen zum rechten Rand definiert. Erlaubt ist die Angabe von prozentualen oder absoluten Werten.

```
body { margin-right:20pt }
```

margin-top

Dieses Schlüsselwort legt den Abstand zwischen Elementen zum oberen Rand hin fest. Die Wertangabe erfolgt als absolute oder prozentuale Angabe.

```
body { margin-top:10px  }
```

padding

Dies ist die zusammenfassende Eigenschaft für die Definition von Innenabständen.

Dies ist ein zusammenfassendes Schlüsselwort. Deshalb können alle erlaubten Werte der `padding`-Gruppe getrennt durch Leerzeichen angegeben werden. Ein einzelner Wert gibt diesen für alle vier Seiten vor.

```
h1 { padding:20px 10px 20px 10px }
```

padding-bottom

Dieses Schlüsselwort definiert den unteren Innenabstand. Die Werte können sowohl feste Zahlenwerte wie auch Prozentwerte sein.

```
p { padding-bottom:10pt }
```

padding-left

Hiermit wird der linke Innenabstand definiert. Die Werte können sowohl feste Zahlenwerte wie auch Prozentwerte sein.

```
body { padding-left:30% }
```

padding-right

Mit dem Schlüsselwort padding-right wird der rechte Innenabstand definiert. Die Werte können sowohl feste Zahlenwerte wie auch Prozentwerte sein.

```
p { padding-right:20px }
```

padding-top

Mit dem Schlüsselwort padding-top wird der obere Innenabstand bestimmt. Die Werte können sowohl feste Zahlenwerte wie auch Prozentwerte sein. Negative Werte sind verboten.

```
body { padding-top:16pt }
```

Größenangaben

height

Dieses Schlüsselwort bestimmt die Höhe eines definierbaren Bereichs. Erlaubt sind prozentuale und absolute Werte sowie der Standardwert auto, bei dem sich die Höhe automatisch anpasst.

```
p { height:20pt }
```

max-height

Mit diesem Schlüsselwort wird die Maximalhöhe eines Elements auf der Webseite definiert. Erlaubt sind prozentuale und absolute Werte.

```
p { max-height:50px }
```

max-width

Hiermit wird die Maximalbreite eines Elements auf der Webseite definiert. Bis zu diesem Wert passt sich die Breite automatisch an. Erlaubt sind absolute und prozentuale Werte.

```
p { max-width:150pt }
```

min-height

Dieses Schlüsselwort definiert die Minimalhöhe eines Elements auf der Webseite. Erlaubt sind absolute und prozentuale Werte.

```
p { min-height:20pt }
```

min-width

Mit dem Schlüsselwort min-width wird die Minimalbreite eines Elements auf der Webseite bestimmt.

```
p { min-width:20% }
```

width

Das Schlüsselwort width legt die Breite eines beliebigen Bereichs einer Webseite fest. Es können absolute Werte angegeben werden. Eine automatische Festlegung der Breite ist durch den Wert auto möglich.

```
p { width=130px }
```

Positionierung

bottom

Mit diesem Schlüsselwort wird der Abstand eines Objekts in einem Dokument bestimmt. Der Wert kann absolut oder prozentual angegeben werden. Der Wert auto steht für eine automatische Positionierung.

```
<p { bottom:30pt }
```

clear

In Kombination mit dem Befehl float verhindert clear ein Umfließen des Elements an definierbaren Stellen. Die in der Tabelle aufgeführten Werte sind erlaubt.

```
p { clear: left }
```

none	Umfließ-Elemente sind überall erlaubt.
left	Elemente auf der linken Seite werden unten fortgesetzt.
right	Elemente auf der rechten Seite werden unten fortgesetzt.
both	Text wird unten fortgesetzt.

float

Mit dem Schlüsselwort float wird das Umfließen von Text um ein Element ermöglicht. Erlaubt sind dabei die in der Tabelle angegebenen Werte.

```
img { float:right }
```

none	kein Umfließen
left	Linkes Element wird umflossen.
right	Rechtes Element wird umflossen.

left

Hiermit wird der in absoluten oder prozentualen Werten angegebene Abstand zum linken Rand bestimmt. Zusätzlich kann der Wert auto für eine automatische Ausrichtung angegeben werden.

```
p { left:20px }
```

position

Mit dem Schlüsselwort position wird die Position eines Elements der Seite definiert. Dabei sind die Werte aus der Tabelle möglich.

```
p { position:static }
```

static	normale Platzierung
absolute	absolute, veränderliche Platzierung
fixed	fixe, unveränderliche Platzierung
relative	relative Platzierung

right

Durch das Schlüsselwort right wird der Abstand zur rechten Seite der Webseite mit einem festen Wert (relativ oder absolut) oder dem Wert auto für eine automatische Ausrichtung bestimmt.

```
p { right:50px }
```

top

Dieses Schlüsselwort definiert den Abstand zum oberen Rand. Die Wertangabe kann dabei absolut oder prozentual erfolgen. Mit dem Wert auto wird dieser Wert automatisch ermittelt.

```
p { top:50px }
```

z-index

Mit diesem Schlüsselwort können Prioritäten zugewiesen werden. So können Bereiche überblendet werden. Das Element mit dem höchsten Wert steht im Vordergrund. Die Wertangabe erfolgt numerisch durch ganze Ziffern.

```
div { z-index:1 }
```

Allgemeines Layout

box-shadow

Dieses Schlüsselwort erzeugt einen Schlagschatten. Dabei kann sowohl die Breite des Schattens in absolutem Wert als auch die Farbe in einem gültigen Farbnamen oder Hex-Wert festgelegt werden.

```
q { box-shadow:20px #CECECE }
```

clip

Ein rechteckiger Bereich für eine Grafik wird durch das Schlüsselwort `clip` festgelegt. Als Werte in Klammern können absolute Werte in Punkt oder Pixeln angegeben werden. Alternativ existiert der Wert `auto`. Das Schema der bestimmten Werte ist: *obere Grenze*, *rechte Grenze*, *untere Grenze* und *linke Grenze*.

```
p { clip:rect(60px auto 60px 60px }
```

column-count

Ein Spaltenlayout von HTML-Dokumenten kannst du durch das Schlüsselwort `column-count` erstellen. Das Schlüsselwort legt die Anzahl der Spalten eines mehrspaltigen Tags fest. Als gültige Werte kann die Anzahl der Spalten in Ganzzahlen angegeben werden. Des Weiteren existiert der Wert `auto`, damit sich die Spalten automatisch an den Inhalt anpassen.

```
p { column-count:3 }
```

column-fill

Dieses Schlüsselwort verteilt den Inhalt eines Elements auf die mit `column-count` definierten Spalten. Dafür stehen zwei Werte zur Verfügung: `auto` verteilt den Inhalt automatisch, `balance` verteilt ihn gleichmäßig auf alle definierten Spalten.

```
p { column-fill:balance }
```

column-width

Die Spaltenbreite von Spalten, die durch column-count festgelegt wurden, definierst du durch dieses Schlüsselwort. Erlaubt sind absolute Zahlenwerte. Außerdem kann der Wert auto verwendet werden, um den zur Verfügung stehenden Platz gleichmäßig auszunutzen.

```
p { column-width:auto }
```

columns

Mithilfe des Schlüsselworts columns können Spalten definiert werden. Dabei kann sowohl die Anzahl wie auch die Breite festgelegt werden.

> Dies ist ein zusammenfassendes Schlüsselwort. Deshalb können alle erlaubten Werte der column-Gruppe getrennt durch Leerzeichen angegeben werden.

```
p { columns:3 auto }
```

cursor

Dieses Schlüsselwort definiert das Cursorsymbol des Mauszeigers über Elementen der Webseite. Erlaubt sind die Werte der Tabelle.

```
p { cursor:wait }
```

url(bild.gif)	URL zu einem individuellen Cursor im JPG- oder GIF-Format
default	Standard-Cursor des Rechners
auto	automatische Bestimmung
text	Textcursor
wait	Sanduhr
pointer	Pfeil
crosshair	Fadenkreuz
help	Hilfe
move	Beweglichkeitsanzeige
n-resize	Pfeil nach Norden

ne-resize	Pfeil nach Nordosten
nw-resize	Pfeil nach Nordwesten
s-resize	Pfeil nach Süden
se-resize	Pfeil nach Südosten
sw-resize	Pfeil nach Südwesten
e-resize	Pfeil nach Osten
w-resize	Pfeil nach Westen

direction

Mit diesem Schlüsselwort wird die Ausrichtung von Elementen einer Webseite bestimmt. `direction` kann den Wert `ltr` für *links-nach-rechts* oder `rtl` für *rechts-nach-links* annehmen. Die Funktion entspricht den HTML-Elementen `bdi` und `bdo`.

```
p { direction:ltr }
```

display

Mit dem Schlüsselwort `display` wird die Art, wie Elemente auf dem Bildschirm angezeigt werden, festgelegt. Die Werte aus der Tabelle können dabei verwendet werden.

```
p { display:none }
```

none	unsichtbar
Block	neuer Absatz
Inline	innerhalb eines Textes
list-item	Auflistung mit vorangestelltem Punkt
table	Tabellenlayout
inline-table	Tabellenlayout
table-row-group	Tabellenlayout
table-header-group	Tabellenlayout
table-footer-group	Tabellenlayout
table-row	Tabellenlayout
table-column-group	Tabellenlayout
table-column	Tabellenlayout
table-cell	Tabellenlayout
table-caption	Tabellenlayout

opacity

Dieses Schlüsselwort steuert die Transparenz eines HTML-Elements. Es sind numerische Werte zwischen `0,0` und `1,0` erlaubt. 0 entspricht dabei durchsichtig und 1 keinerlei Transparenz.

```
h2 { opacity:0.8 }
```

overflow

Das Schlüsselwort `overflow` definiert die Integration von Grafiken, die größer als ein vorhandener Bereich sind. Dabei kann auf die Werte der Tabelle zurückgegriffen werden.

```
img { overflow:visible }
```

auto	automatische Anpassung / Scrollbalken
visible	Bild wird skaliert.
hidden	Bild wird beschnitten.
scroll	Steuerung durch Scrollbalken
no-display	Bild wird entfernt.
no-content	Bild wird nicht angezeigt.

resize

Dieses Schlüsselwort legt fest, ob und gegebenenfalls wie die Größe eines Elements durch den Nutzer verändert werden kann. Dabei stehen die Werte aus der Tabelle zur Verfügung.

```
p { resize:none }
```

none	nicht änderbar
both	horizontal und vertikal änderbar
horizontal	horizontal änderbar
vertical	vertikal änderbar

rotation

Das Schlüsselwort dreht ein Block-Element gegen den Uhrzeigersinn. Gültige Werte der Drehung werden numerisch in Grad mit Angabe der Maßeinheit `deg` angegeben.

Die gleichzeitige Verwendung des Schlüsselworts rotation-point ist zwingend erforderlich, um die Rotation zu definieren.

```
h2 { rotation:25deg }
```

rotation-point

Dieses Schlüsselwort legt den Drehpunkt fest, um den die Drehung mit dem Schlüsselwort rotation erfolgen soll. Sie legt den Bezugspunkt für die Rotation fest. Der Wert besteht aus zwei Prozentwerten, die den Punkt beschreiben.

```
h2 { rotation-point:300% 30% }
```

unicode-bidi

Durch dieses Schlüsselwort wird festgelegt, in welcher Richtung der Text gezeigt wird, von links nach rechts oder umgekehrt. Dabei sind die Werte der nachfolgenden Tabelle erlaubt.

```
div { unicode-bidi:normal }
```

normal	Schriftrichtung wird durch Zeichensatz erkannt.
embed	Vorgabe durch das System
bidi-override	Text wird immer umgekehrt.

visibility

Mit dem Schlüsselwort visibility wird festgelegt, ob ein Element sichtbar oder nicht sichtbar ist. Du kannst die zwei Werte aus der Tabelle einsetzen.

```
p { visibility:visible }
```

visible	sichtbar
hidden	unsichtbar

B

Anhang

Hier im Anhang findest du noch ein paar nützliche und hilfreiche Informationen.

- Strukturierte Übersicht der HTML-Tags
- Übersicht über die Farbnamen
- Hilfe bei Anzeigefehlern
- Wo du weiterführende Informationen findest

HTML-Tags

Hier findest du einer Liste von HTML-Elementen. Sie ist nach Einsatzzweck sortiert. Deshalb darfst du dich auch nicht wundern, wenn ein paar Tags doppelt vorkommen.

Die Block-Elemente sind **fett** hervorgehoben, sodass du hier jederzeit nachschauen kannst, welches Tag ein Block-Element ist. Im Bereich Textauszeichnung findest du auch die logischen Textformate. Sie sind *kursiv* markiert.

B

Wenn du eine umfangreiche Referenz zu HTML-Elementen suchst, die findest du auf meiner Webseite.

Grundstruktur

html, head, body

Seitenstrukturierung

body, **header**, **hgroup**, nav, **aside**, main, **section**, **article**, **footer**, **address**

Überschriften

h1, h2, h3, h4, h5, h6

Textstrukturierung

h1, h2, h3, h4, h5, h6 (gehören eigentlich zur Seitenstrukturierung)

p, pre, blockquote, figure, figcaption

hr

div

Listen

ol, ul, dl, li, dt, dd (Listen)

Textauszeichnung

Alle logischen Textauszeichnungen sind kursiv markiert.

b, *em*, i, *kbd*, mark, small, *strong*, sub, sup, u

dfn, abbr,

time

ruby, rt, rp

span

Listing, Beispiele

code, *var*, *samp*

Zitate

cite, q

Textrichtungsangaben

bdi, bdo

Änderungsmarkierungen

del, **ins**

Zeilenumbrüche

br, wbr

Hyperlinks

a

area, map

Tabellen

table

thead, **tbody**, **tfoot**

caption

col, colgroup

tr, **th**, **td**

Multimedia und Grafiken

img, picture, map, area,

audio, **video**, source, **track**

iframe, embed, object, param

canvas, svg, math

Formulare

form, label, **fieldset**, legend, datalist

input, button, textarea, select, option, optgroup, keygen

output, progress, meter

Skripte

script, **noscript**,

canvas

content, decorator, element, shadow, template

Kopfdaten

title, meta, link, style, script, base

Interaktive Elemente

details, summary, dialog

menu, menuitem, command

Farben

Hier findest du die im Buch mehrfach erwähnte Übersicht der Farbnamen.

Es lässt sich nahezu jeder Farbton durch einen Hex-Wert darstellen. Dabei werden die drei Grundfarben *Rot*, *Blau* und *Gelb* je anteilig durch zwei der insgesamt sechs Hex-Werte, die den Gesamtwert ausmachen, definiert. Daraus ergibt sich dann die Farbe.

Die 16 wichtigsten Farbnamen

Die folgende Liste enthält jene 16 Farben, die häufig eingesetzt werden und die in der 16-Farben-Grundpalette von Windows enthalten sind und somit praktisch immer korrekt wiedergegeben werden.

Farbname	Hex-Wert
Aqua	#00FFFF
Black	#000000
Blue	#0000FF
Fuchsia	#FF00FF
Grey	#808080

Farbname	Hex-Wert
Green	#008000
Lime	#00FF00
Maroon	#800000
Navy	#000080
Olive	#808000
Purple	#800080
Red	#FF0000
Teal	#008080
Silver	#C0C0C0
White	#FFFFFF
Yellow	#FFFF00

Vollständige Liste der Farbnamen

Insgesamt gibt es 147 Farbnamen, die für HTML normiert sind. Normalerweise wird jeder Browser diese korrekt anzeigen, wenn der Computer mindestens 256 Farben darstellt. Die folgende Liste enthält alle gültigen Farbnamen.

Farbname	Hex-Wert
AliceBlue	#F0F8FF
AntiqueWhite	#FAEBD7
Aqua	#00FFFF
Aquamarine	#7FFFD4
Azure	#F0FFFF
Beige	#F5F5DC
Bisque	#FFE4C4
Black	#000000
BlanchedAlmond	#FFEBCD
Blue	#0000FF
BlueViolet	#8A2BE2
Brown	#A52A2A
BurlyWood	#DEB887
CadetBlue	#5F9EA0

Farbname	Hex-Wert
Chartreuse	#7FFF00
Chocolate	#D2691E
Coral	#FF7F50
CornflowerBlue	#6495ED
Cornsilk	#FFF8DC
Crimson	#DC143C
Cyan	#00FFFF
DarkBlue	#00008B
DarkCyan	#008B8B
DarkGoldenRod	#B8860B
DarkGray	#A9A9A9
DarkGreen	#006400
DarkKhaki	#BDB76B
DarkMagenta	#8B008B
DarkOliveGreen	#556B2F
DarkOrange	#FF8C00
DarkOrchid	#9932CC
DarkRed	#8B0000
DarkSalmon	#E9967A
DarkSeaGreen	#8FBC8F
DarkSlateBlue	#483D8B
DarkSlateGray	#2F4F4F
DarkTurquoise	#00CED1
DarkViolet	#9400D3
DeepPink	#FF1493
DeepSkyBlue	#00BFFF
DimGray	#696969
DimGrey	#696969
DodgerBlue	#1E90FF
FireBrick	#B22222
FloralWhite	#FFFAF0
ForestGreen	#228B22

Farbname	Hex-Wert
Fuchsia	#FF00FF
Gainsboro	#DCDCDC
GhostWhite	#F8F8FF
Gold	#FFD700
GoldenRod	#DAA520
Gray	#808080
Green	#008000
GreenYellow	#ADFF2F
HoneyDew	#F0FFF0
HotPink	#FF69B4
IndianRed	#CD5C5C
Indigo	#4B0082
Ivory	#FFFFF0
Khaki	#F0E68C
Lavender	#E6E6FA
LavenderBlush	#FFF0F5
LawnGreen	#7CFC00
LemonChiffon	#FFFACD
LightBlue	#ADD8E6
LightCoral	#F08080
LightCyan	#E0FFFF
LightGoldenRodYellow	#FAFAD2
LightGray	#D3D3D3
LightGreen	#90EE90
LightPink	#FFB6C1
LightSalmon	#FFA07A
LightSeaGreen	#20B2AA
LightSkyBlue	#87CEFA
LightSlateGray	#778899
LightSteelBlue	#B0C4DE
LightYellow	#FFFFE0
Lime	#00FF00

Farbname	Hex-Wert
LimeGreen	#32CD32
Linen	#FAF0E6
Magenta	#FF00FF
Maroon	#800000
MediumAquaMarine	#66CDAA
MediumBlue	#0000CD
MediumOrchid	#BA55D3
MediumPurple	#9370DB
MediumSeaGreen	#3CB371
MediumSlateBlue	#7B68EE
MediumSpringGreen	#00FA9A
MediumTurquoise	#48D1CC
MediumVioletRed	#C71585
MidnightBlue	#191970
MintCream	#F5FFFA
MistyRose	#FFE4E1
Moccasin	#FFE4B5
NavajoWhite	#FFDEAD
Navy	#000080
OldLace	#FDF5E6
Olive	#808000
OliveDrab	#6B8E23
Orange	#FFA500
OrangeRed	#FF4500
Orchid	#DA70D6
PaleGoldenRod	#EEE8AA
PaleGreen	#98FB98
PaleTurquoise	#AFEEEE
PaleVioletRed	#DB7093
PapayaWhip	#FFEFD5
PeachPuff	#FFDAB9
Peru	#CD853F

Farbname	Hex-Wert
Pink	#FFC0CB
Plum	#DDA0DD
PowderBlue	#B0E0E6
Purple	#800080
Red	#FF0000
RosyBrown	#BC8F8F
RoyalBlue	#4169E1
SaddleBrown	#8B4513
Salmon	#FA8072
SandyBrown	#F4A460
SeaGreen	#2E8B57
SeaShell	#FFF5EE
Sienna	#A0522D
Silver	#C0C0C0
SkyBlue	#87CEEB
SlateBlue	#6A5ACD
SlateGray	#708090
Snow	#FFFAFA
SpringGreen	#00FF7F
SteelBlue	#4682B4
Tan	#D2B48C
Teal	#008080
Thistle	#D8BFD8
Tomato	#FF6347
Turquoise	#40E0D0
Violet	#EE82EE
Wheat	#F5DEB3
White	#FFFFFF
WhiteSmoke	#F5F5F5
Yellow	#FFFF00
YellowGreen	#9ACD32

Hilfe!

Aus Erfahrung weiß ich, dass man sich mal schnell vertippt. Und wenn du dann deine Webseite im Browser anschaut und den Fehler siehst, beginnt die Suche im Quelltext.

Noch schlimmer ist es, wenn kein Fehler zu sehen ist, sondern die Seite einfach nicht so aussieht, wie sie sollte. Dann bleibt dir tatsächlich nichts übrig, als den ganzen Quelltext Zeichen für Zeichen zu überprüfen.

> Leider ist es tatsächlich so, dass ein einziges fehlendes oder falsches Zeichen unter Umständen das Design deiner ganzen Seite zerschießt.

Doch 99% aller Fehler, mal abgesehen von Rechtschreibfehlern, liegen an ein paar bestimmten Dingen. Und wenn du das weißt, kannst du deinen Quelltext zunächst daraufhin überprüfen. Fast immer war es das dann und der Fehler ist schnell behoben.

Die häufigsten Fehler

Die häufigsten Fehlerursachen liste ich dir hier auf. Wenn du deinen Quelltext daraufhin überprüfst, wirst du vermutlich den Fehlerteufel schnell finden.

HTML:

- Schrägstrich vergessen
- Spitze Klammern nicht gesetzt
- Spitze Klammern verkehrt herum gesetzt
- Spitze Klammern doppelt gesetzt

CSS

- ein Semikolon vergessen
- eine geschweifte Klammer vergessen
- eine geschweifte Klammer falsch gesetzt

Weiterführende Informationen

Ich habe eine Webseite zum Buch eingerichtet. Dort kannst du die Beispiele herunterladen, du findest Links zu weiterführenden Themen und viele ergänzende Informationen und Einsatzbeispiele.

Ach ja, das ist auch noch wichtig: Du findest dort auch die Lösungen zu den Fragen und Aufgaben im Buch.

Schau doch einfach mal vorbei: *4kids.kobert.de* (kein www davor!)

Stichwortverzeichnis

A

a 112
Absatz 32
    thematischer 34
Absatzformat
    Klassen 151
Abschicken 213
Abstand 104, 147, 193, 283, 286
action 216
alt 67
Alternativseite 237
Alternativtext 67
Anweisung
    erneuter Besuch 232
    Suchmaschinen 231
ASCII-Text 19
Attribut 50
Audio 82
audio 82
Auflösung 64
Aufzählung 157
Aufzählungsliste 170
Ausrichten 267
Ausrichtung 272, 282
    horizontal 106
    Text 106
    vertikal 107
Auszeichnen 47
Auszeichnungssprache 18
Außenabstand 144, 146
autoplay 71, 84

B

b 42
background 280
background-attachment 136, 281
background-clip 281
background-color 131, 281
background-image 133, 282
background-origin 282
background-position 282
background-repeat 134, 282
Banner 127
base 234
baseline 107
Befehl 28, 51
Beschriftung 202, 215, 219
Bestellformular 199
Betonung 47
Bild 61
    Breite 65
    einbinden 63
    gratis 62
    Höhe 65
Bildergalerie 127
Bildformat 63
Bildpunkt 64
Bildschirmanzeige 290
_blank 118
Blindtext 130
Blindtextgenerator 131
Block-Element 49, 293
Blocksatz 106

body 30
border 272
border-bottom 273
border-bottom-color 273
border-bottom-left-radius 273
border-bottom-right-radius 273
border-bottom-style 273
border-bottom-width 274
border-collapse 178, 271
border-color 142, 274
border-left 274
border-radius 244, 276
border-right 276
border-spacing 193, 271
border-style 140, 178, 277
border-top 278
border-width 140, 178, 279
bottom 107, 260, 286
Box 139
  Größenangabe 139
Boxmodell 138
box-shadow 246, 288
br 31
Browser
  Auswahl 20
Buchstabenabstand 105
button 213, 215, 216

C

caption 183
caption-side 184, 271
Cascading Stylesheets (CSS) 20
center 106
charset 227
Checkbox 205
checkbox 206
class 152
clear 286
clip 288
code 47
color 95, 266
cols 211
colspan 186
column-count 288
column-fill 289
columns 289
column-width 289
content 227
controls 71, 84
CSS 50, 87
  eingebettet 89
  extern 92
  Referenz 263
  Textformatierung 94
  Vorteile 93
CSS-Datei 92
CSS-Definition 89
CSS-Klasse 151
CSS-Regel 88, 91
CSS-Schlüsselwort 52
CSS-Wert 52
cursor 253, 289
Cursorposition 212
Cursorsymbol 289

D

Datumsangabe 229
dd 167
description 231
direction 290
display 290
div 49
dl 167
DOCTYPE 238
Dokumentenkopf 29, 226
Dokumentenkörper 30
Dokumententyp 239
Download-Link 119
dt 167
DTD 238
Dünne Schrift 96
Dünner Text 96
Durchgestrichener Text 101

E

Ecke
  abrunden 244
Editor 15, 25
Effekt
  visueller 264
Eigenschaft 51, 88
Eingabefeld 200
  aktivieren 219

Eingerückte Liste 172
Einzug festlegen 172
Element 29
 leeres 31, 63
em 48
E-Mail-Link 120
empty-cells 195, 271
Entity 240
 Aufbau 240
 Liste 241
expires 228
Externer Link 115
Externes CSS 92

F

Fachbegriffsverzeichnis 167
Farbe 51, 266
 Hex-Wert 296
 normierte 297
Farbiger Text 51
Farbname 53, 267, 297
Farbpalette 132
Farbpicker 132
Farbverlauf 251
Favicon 235
Fehlerursache 302
Feldart 202
Fette Schrift 96
Fetter Text 42, 96
File Transfer Protocol 119
Firefox 12
 herunterladen 12
 installieren 12
float 286
follow 232
font 264
font-effect 264
font-family 55, 95, 265
font-size 56, 95, 265
font-style 95, 265
font-variant 95, 266
font-weight 96, 266
for 218
form 200
Formatvorlage 22, 87
Formular 199
 abschicken 216
 CSS 219
 Optionen 205
 PHP-Skript 217
Formulardaten 216
 per E-Mail 216
Formularfeld
 beschriften 202
Formularinhalt 216
frameborder 81
ftp 119

G

get 216
GIF 63
Globaler Link 234
Glossar 167
gopher 120
Grafik 62, 288
Grafischer Link
 mit Grafik 125
Gratis-Bild 62

H

h1 35
head 29
height 65, 71, 139, 285
Hexadezimal-Code 54
Hexadezimalwert
 Farben 132
Hexadezimalzahl 54
Hintergrund 131
Hintergrundbild 133, 191
Hintergrundfarbe 136, 191, 281
Hintergrundgrafik 133
 fixieren 136
 kacheln 133
Hintergrundposition 134
Hochgestellter Text 44
Höhe 285
Homepage 19
Horizontale Linie 34
hr 34
href 92, 112, 233

HTML 18
html 29
http 116
http-equiv 227
Hyperlink 111
HyperText Transfer Protocol 119

I

i 42
id 201, 207, 218
iframe 77, 78
img 63, 125
Inhalt
    positionieren 257
Inline-Element 48, 49
Inline-Frame 78
Innenabstand 139, 144, 145, 284
input 200
inset 251
Interner Link 112
Internetprotokoll 119
ISO 8859 240
ISO-8859-Code 241

J

JavaScript 216, 235, 236
JPEG 63
justify 106

K

Kapitälchen 95, 266
Keyword 67
keywords 231
Klasse 151
Klassenname 151
Kleinerer Text 44
Kommazahl 103
Kommentar 37
Kontaktformular 211
Kontrollkästchen 205
Kursiver Text 42, 95

L

label 202
language 233
Leeres Element 31, 63
Leerraum 266, 269
left 258, 260, 287
letter-spacing 105, 266
li 158, 163
line-height 103, 267
line-through 102
Linie 34
    horizontale 34
Link 92
    extern 115
    globaler 234
    in neues Fenster 118
    intern 112
    mit Grafik 125
    Möglichkeiten 112
    zu Dateien 119
    zu E-Mail 120
Linktext 114
Liste
    CSS 168
    einfache 159
    einrücken 172
    gliedern 159
    sortiert 158
    unsortiert 163
    Unterpunkte 159
    verbinden 165
    verschachteln 159
Listenart 269
Listenausrichtung 269
Listeneintrag 158
Listenfeld 208
    Größe 209
    Mehrfachauswahl 210
    Vorauswahl 210
Listensymbol 269, 270
Listenzeichen 169
    Grafik 171
Listing 19, 47
list-style 269
list-style-image 171, 269
list-style-position 173, 269
list-style-type 170, 269

Logische Textauszeichnung 294
Logisches Textformat 46, 293
loop 71
Lorem ipsum 129
Löschen 213

M

mailto 120, 216
margin 146, 283
margin-bottom 150
margin-left 150
margin-right 150
margin-top 150
Mauszeiger 252, 289
    Grafik 254
max-height 285
Maximalhöhe 285
maxlength 204
max-width 285
Mehrzeiliges Textfeld 211
meta 226
method 216
min-height 285
Minimalbreite 286
mp3-Format 83
mp4-Format 72
multiple 210
Musik 82
    Fehler 85

N

name 231
nntp 120
nofollow 232
Normierte Farben 297
noscript 237
Numerischer Wert 148
    absoluter 148
    relativer 149
Nummerierung 158

O

OGG-Format 70
ol 158
opacity 291
option 208
Optionsfeld 206
outline 279
outline-color 279
outline-offset 279
outline-style 280
outline-width 280
overflow 291
overline 102

P

padding 144, 284
padding-bottom 151
padding-left 151
padding-right 151
padding-top 151
passwort 203
Passwort-Eingabefeld 203
Pfadangabe 234
PHP-Skript 217
Physisches Textformat 46
Pica 149
Pixel 65, 149
PNG 63
Position
    horizontale 260
    vertikale 260
position 258, 287
Positionierung 138, 257, 286
    Bezugspunkt 259
    Hintergrundgrafik 135
post 216
poster 73
Protokoll 116
Prozentuale Werte 149
Pseudoklasse 122
    a:active 124
    a:hover 124
    a:link 124
    a:visited 124
    für Links 124
pt 104
Punkt 149

Q

Quellcode 47
Quelltext 19, 47
  zusammenfassen 254

R

radio 206
Radiobutton 206
Radius 245
Rahmen 138, 177, 190, 243, 271, 273
  abgerundete Ecken 243
  durchgezogene Linie 140
  gepunktete Linie 140
  gestrichelte Linie 140
  in 3D 140
  Schatten 246
  sichtbar 140
  Stärke 140
Rahmendarstellung 275
Rahmendicke 141
Rahmeneigenschaft 280
Rahmenfarbe 141, 275
Referenz 294
Referenzieren 234
refresh 227
rel 92
Relative Pfadangabe 234
Reset 213
reset 215
resize 291
revisit-after 232
right 260, 287
rotation 292
rotation-point 292
rows 211
rowspan 187

S

Schaltfläche 213
  Skripte 216
Schaltflächenbeschriftung 215
Schaltflächenlook 127
Schatten 246, 268, 288
  Farbe 248
  für Text 252
  Konturen 249
  nach innen 251
  Richtung 250
  Werte 248
Schlagschatten 288
Schlüsselwort 51, 88, 230
  mehrere 59
  zusammenfassen 255
Schrift
  dünn 96
  fette 96
Schriftart 54, 265
Schrift-Familie 55
Schriftformatierung 264
Schriftgröße 56, 265
Schriftstärke 96
Schriftstil 95
Schriftvariante 95
script 236
Scrollbalken 79
seamless 80
Seitenhintergrund 132, 280
Seiteninhalt
  Kurzbeschreibung 231
Seitenstrukturierung 294
Seitentitel 29
select 208
selected 210
Selektionsfeld 208
Selektor 218
Senden 213
SEO 230
size 204, 210
Skript 236
Skriptsprache 210
small-caps 95
Sonderzeichen 227
  deutsche 240
Sortierte Liste 158, 169
source 71, 82
Spalte
  in Tabelle 176
Spaltenbreite 272, 289
Spaltenlayout 288
span 48
Spanning 186
Sprachbereich 233
Sprachrelevanz 233

src 63
Stilvorgabe 99
Stilvorlage 22
Stockphotos 62
strong 48
Strukturierung 190
style 51, 88, 89
submit 215
Suchfunktion 199
Suchmaschine 230
    Anweisungen 231
Suchmaschinenoptimierung 67, 226, 230

T

Tabelle 175
    Abstände 193
    Aufbau optimieren 194
    erste Zeile 181
    Grundgerüst 176
    leere Zellen 271
    planen 176
    Rahmen 177, 271
    strukturieren 189
    Zellen verbinden 186, 187
Tabellenfeld 193
Tabellenfuß 189
Tabelleninhalt 183
Tabellenkopf 181, 189
Tabellenkörper 189
Tabellenrahmen 178
Tabellenreihe 176
Tabellenstruktur 189
Tabellenüberschrift 183
Tabellenunterschrift 184, 271
Tabellenzelle
    Abstand 271
    leere 195
    Rahmen 271
table 176
table-layout 194, 272
Tag 29
    universelles 48
    verschachteln 98
target 117
tbody 189
td 176
telnet 120
Text
    ausrichten 106
    auszeichnen 47
    dünn 96
    durchgestrichen 101
    einrücken 107
    Farbe 51
    farbiger 51
    fett 42, 96
    Gestaltungstipps 108
    hoch gestellt 44
    hochgestellt 44
    kleiner 44
    kursiv 42, 95
    Lorem ipsum 130
    tief gesetzt 44
    unterstrichen 101
    wichtiger 48
    zentrieren 102
text-align 106, 267
textarea 211
Textauszeichnung
    logische 294
text-decoration 101, 267
text-decoration-color 267
text-decoration-style 268
Textdesign 108
Texteingabe 203
Texteinzug 107
Textfarbe 266
Textfeld
    mehrzeiliges 211
Textformat
    logisches 46, 293
    physisches 46
Textformatierung
    CSS 94
Textgestaltung 50
text-indent 107, 268
Textschatten 252
text-shadow 252, 268
Textstrukturierung 294
text-transform 268
Textzeile
    einrücken 268

tfoot 189
th 181
thead 189
Thematischer Absatz 34
Tiefer gesetzter Text 44
Titel der Seite 29
title 29
top 107, 258, 260, 287
tr 176
Transparenz 291
type 91, 92, 202, 203, 235

U

Überschrift 35, 183, 185
ul 163
Umfließender Text 286
underline 102
unicode-bidi 292
Unsortierte Liste 163, 170
Unterstrichener Text 101
url() 172, 254

V

value 206, 215
Verfalldatum
    festlegen 228
Verschachtelte Tags 98
vertical-align 107, 272
Verzeichnispfad 233
Video 69
    einbinden 69
    Fehler 72
    Vorschaubild 74
video 69
Videoformat 72
visibility 292
Visueller Effekt 264
Vorschaubild 73

W

Webbrowser 14
Webseite 112
Website 19, 112
Weichzeichnungseffekt 249
Weiterleitung
    automatisch 227
Wert 51, 89
    für Monate 229
    für Wochentage 229
    numerischer 148
    prozentual 149
white-space 269
Wichtiger Text 48
width 65, 71, 139, 286
Wiederholung 135
    horizontal 135
    vertikal 135
word-spacing 104, 269
Wortabstand 104
WYSIWYG 15

Y

YouTube 75
    Video einbinden 77

Z

Zahlenwert
    Schriftdarstellung 97
Zeichenanzahl 204
Zeichensatz 227, 240
    UTF-8 227
Zeile
    in Tabelle 176
Zeilenhöhe 102, 267
Zeilenumbruch 30, 37, 269
    fehlender 68
Zeitzone 229
Zentrierter Text 102
Zieladresse 112
z-index 288
Zitat 47
Zusammenfassende Schlüsselwörter 256